写在
前面

U0364679

"民以食为天。"食，是天大的事，饮食是人类生存发展的坚实基座。在华夏大地上，古老的东方农业文明催生了灿烂的中华饮食文化。历经千年，在不断的发展、演变、积累过程中，中国人逐渐形成了特色鲜明的饮食民俗，从食物种类、食物制作，到炊具餐具、餐饮礼仪、饮食审美，中华饮食文化个性十足，在人类饮食文化史上独树一帜并产生巨大的影响。

甲骨文的"食"字写作🍶，由张开的嘴和一个高脚器皿组成，惟妙惟肖地刻画出一个人大快朵颐的情形。本书围绕"食"这个中心，呈现古代中国与饮食相关的典故传奇。岁月不居，时节如流，古代中国人与饮食相关的活动精彩纷呈、不可胜数，我以致敬古代文化的态度，用"故事"作为承载体，选取部分古代饮食逸闻趣事装入故事这个魔盒中，创作出《食见中国》。

《食见中国》以时间为轴，从礼仪、器具、美食等不同侧面去展现中华饮食文化。全书共分四篇：进食有礼、筷子传奇、肉香倾城、面食流芳。礼，始于饮食，"进食有礼"篇聚焦古代中国人的宴饮场景，力求探寻中华礼仪的源头——食礼，以及围绕食礼绵延发展出的礼仪中那些充满仪式感和美感的道德法则、行为规范。"筷子传奇"篇讲述筷子这一最具中国文化象征意义的标志性食器的起源、名称、外形、文化内涵、使用礼仪以及与筷子相关的故事。"肉香倾城"篇肉香四溢，故事中鸡、鸭、鱼肉俱全，蒸、煮、烹、炸、炒齐有，珍馐美味在笔墨间穿越，直教人垂涎欲滴。在饮食史上，将植物种子从"粒食"加工制作成各种"面食"是闪现着智慧之光的烹饪技术变革，"面食流芳"篇围绕各式各样的面食，讲述面条、馒头、包子、饺子、馄饨等的逸闻趣事。书中的故事立足史料，有所演绎，希冀能引发大家更好地感知古代饮食文化在今天的超凡影响力。

　　《食见中国》配有精美的插图，希望以图文互照的形式，描绘出珍馐林立、觥筹交错的美食图景，让"食"的故事阅读起来更轻松惬意。愿各位读者朋友在品读这些图文的时候能感受到气象万千、岁月闪亮；在掩卷之际，能齿颊留香，回味芬芳！

柏松

2020年5月

目录

第二篇 筷子传奇

礼

第一篇

进食有礼

中国礼仪文化发端于饮食是不争的事实。本篇我们会从商周秦汉开始，至魏晋隋唐，到宋元明清，从饮食文化的角度去探寻古代中国礼仪文化发展过程中的精彩片段。中华礼仪，既出没于雕梁画栋的皇宫之中，也行走在街头巷尾的百姓家里；既被帝王将相推崇，也被村哥里妇敬重。源自饮食，充满仪式感和美感的道德法则、行为规范，被中国人传了一代又一代。

礼，始于饮食

泱泱华夏，礼仪之邦。始于周代的礼仪阐释了中华文明的源远流长。食礼是一切礼的基础，若要探寻中华礼仪的源头，将目光聚焦于餐桌会不难发现答案。

礼，是人类文明尊贵、典雅、精华的存在，是绵延数千年中华文明的瑰宝。中华民族又称华夏民族，"中国有礼仪之大，故称夏；有服章之美，谓之华"。从"华夏"的含义可以知晓中华礼仪文明源远流长。

回头追溯"礼"的源头时猛然发现，"礼"出自先民的饮食生活，说礼仪由饮食中生发，绝对不是夸张。

正襟危坐的"礼"源自饮食，这似乎有些不可思议，但确是事实。全球视野下，先秦时期的中国经济已然相对发达，富裕程度遥遥领先，厚实的家底支撑了饮食文化的进步，在繁荣的饮食文化上，"礼"逐渐成形，所谓"仓廪实而知礼节，衣食足而知荣辱"。讲礼数、知礼仪的民族大多具有相当的经济实力，因此，不得不夸耀，能成为"礼仪之邦"是因为古代中国富强昌盛！

说"礼"从饮食开始，从"礼"的字形也能发现一些蛛丝马迹。最早的"礼"也写作"豊"，这是一种用作祭祀行礼的器皿，下半部分的"豆"是一种高足、细腰的食器，用来放肉、腌菜等。商周时期，人们用火把生米煮成熟饭，生肉切小后做成熟肉蘸酱吃，吃高兴了还要且歌且舞表达内心的喜悦。在先民心中，无处不在的神也离不开食物，为了向神明表达敬畏，获得更多的护佑，他们用漂亮的高脚食盘向神进献食物，祭祀由此产生，进献仪式上的各种礼仪也就相应而生了。随着礼制的逐渐成熟，敬神祭祀活动中的宗教色彩逐渐淡化，礼仪文化得以彰显。

"礼起源于饮食"的说法最有说服力的证据其实是文字记载，在古代典籍"三礼"中，最早的礼仪规范差不多都跟饮食活动相关。如：

讲究对长者、尊者宾客的尊敬，做到尊老、敬贤、孝亲，谦和守矩；食物吃多吃少、吃荤吃素不是按照胃口大小分配，而是根据尊卑长幼有所差别；宴会上年长者如果没有举杯，年少者不敢喝酒；如果六十岁的长者坐着，六十岁以下的就应该在长者身旁站立侍奉。

饮食是天大的事，寒来暑往、四季轮回，饮食要顺应天时，不违时令，讲究取用当季新鲜食材。好食配好器，对食物重视，对装食物的食器当然也不能忽视，主食、副食、饮品都配有不同的器具，人们还得按照不同的社会等级使用相应的食器，也就是说使用饮食器具要符合礼仪。

礼仪教育从娃娃抓起，让儿童从小就在饮食活动中接受礼的教育，懂得礼的要义。日常礼仪规范非常强调孝敬父母，儿童通过饮食活动就能学习孝道，掌握敬亲礼仪，可谓是"寓教于吃"。

知礼守仪是做人的基本准则，早在西周时期，遵守礼仪就成为评判人的道德行为的标准之一。在我国最早的诗歌总集《诗经》中有一首《相鼠》，这首诗的作者言辞很犀利，将老鼠与人做对比，讽刺不知礼、不守仪的人。

食礼是一切礼仪的基础，从饮食开始形成的程序化、系统化、充满美感的礼仪，将个人的言行举止、道德修养与集体活动中的规范准则融为一体，铸就了中国人的民族性格。在锅碗瓢盆、肉饭酱菜、宴饮歌舞、觥筹交错中，"礼"悄悄萌芽，日常的饮食活动触发了先民们去思考：客人来了怎样行礼？吃饭时宾主座位怎样安排？饭菜该怎样摆放？宴会上怎样款待宾客？……这些需要大家共同遵守的饮食规范逐渐演化为礼仪，经过世代延续，顺着"礼"这个中心一幕幕推演、一条条修葺，随着时间的推移日臻完善，形成有秩序的和谐，有端庄的温柔，有节制的率性，凝聚为稳定牢固、鲜明独特、文质彬彬的中华礼仪。

"礼仪三百，威仪三千"，大到礼仪规范，小到行动指南，各种礼仪规则数不胜数。带有强烈的等级性、鲜明的政治性的古代礼仪，在礼仪场所、器物、参与者、言辞、动作等不同方面都有体现。从某种程度上说，"礼"是中国人一切行为的准则，是中国人的特殊标签。因为有"礼"，中国人将普通的饮食活动沉淀为独特的文化模式，并上升为绝妙的生活艺术。古代礼仪传承到今天，再回到餐桌上，当我们坐姿端正、温文尔雅地围坐一起，握着筷子吃饭的时候，没有人会觉得我们不是彬彬有礼的中国人。

筵 + 席 = 筵席

时空环境是礼仪的构成要素之一。在没有桌椅的时代，筵与席作为承载礼仪的室内家具，为宴饮者席地而坐提供了方便，当然也有不少礼仪内容附着其上，并延续至今。

很久很久以前，桌椅没有出现的年代，中国人的祖先继承穴居遗风，在低矮简陋的住宅内起居，老老少少都是围着火吃饭，当然只能是席地而坐。那时候起居室就好似"多功能厅"，人们在里面做饭、吃饭、睡觉、社交、工作……房屋的功能也就在厨房、餐厅、卧室、会客室、办公室等之间随意无缝切换。差不多到了商代，"多功能厅"开始做减法，火灶从起居室中被请了出去，厨房终于独立！

厨房独立后，起居室空余的空间让热爱生活的先民们有了提升生活质量、美化装修的冲动，地面美化首当其冲，"筵"和"席"作为当时重要的室内家具应运而生。

智慧的先民们懂得装修必须因地制宜，他们发现身边常见的蒲草、芦苇、竹子等植物有质地细腻、纤维丰富、柔韧性强的特点，于是将这些植物加工编织出纯天然的"筵"和"席"铺在地上。制作"筵"和"席"的材质相似，但是两者还是有明显的区别："筵"长一些、宽一些，铺在下层，可以铺满整个房间，类似于现代的地毯；"席"短一些、窄一些，用料比"筵"细，铺在"筵"上，类似于地垫。

地面铺上"筵"和"席"之后颜值提升了很多，但是，当时"筵"和"席"最重要的功能不是美化地面，而是被当作家具使用。"筵"铺好后再加"席"，地面漂亮了，人坐在上面宴饮也舒服很多。当时宴饮活动中食物、器皿等都摆在"筵"上，人则坐在"席"上，"筵"与"席"常相提并论，后逐渐合用为一个词，并被赋予了酒馔的含义，"筵席"就从实物家具演化为指代宴饮的专有名词。

从此，"筵席"被搬进礼仪的殿堂，商周时期人们针对"筵席"的使用制定出严格的规矩，这些规矩甚至细化到制作材质和设计上。一般家庭装饰使用竹席、苇席；王公贵族可使用兰席、桂席、象牙席；而天子地位高，要使用有云气纹装饰花边的五彩蒲席，上面再铺黑白花边的桃枝竹席。

坐在天然植物编织而成的"筵席"上，舒适度高了许多，但是"筵席"的使用非常严苛，随便在"筵"上加"席"是绝对不允许的，加多少"席"与身份地位对应：天子可以用五重席，诸侯、大夫级别的达官贵人可以在筵上加两三重席，一般人筵上只能加一重席。如果有人不守规矩而

越礼加席，就会被治罪。

"筵"和"席"铺好，美酒佳肴摆好，但不能着急，用餐的人不是想坐哪儿就坐哪儿，必须按照身份各自落座。当然，商周时期无论是寻常百姓还是达官贵人用餐都是坐在席位上，无席而坐会被视为有违常礼。

"席"在古人心里分量很重，如果天子下席，那定是有天大的事发生。话说周烈王时，诸侯争霸，朝廷仿若摆设，很没有存在感。面对又穷又弱的周王室，举着"好人牌"的齐威王带头前去朝拜，由此得到"仁义"的好名声。不承想，周烈王驾崩后，齐威王跑得慢了点，没有第一时间前去吊唁，惹得新天子勃然大怒，派人到齐国去责骂："先王去世是天崩地坼的大事，连新天子都得下席居丧守孝，你作为属国国君却姗姗来迟，重罪当斩！"可见，贵为天子离开自己的席位，是因为有帝王驾崩、乘龙升天这样的大事。

"席"从食礼到被普遍接纳的社会规范，对后世产生的影响非同小可，到今天，"主席"仍然被用来称呼首脑领袖，开会时重要的位置是"主席台"，说到场是"出席"，没到是"缺席"，在宴会上请尊贵的客人坐"首席"……

筵席的由来饶有趣味，从草编坐垫引申到宴饮的场所，再到美食，再到带有一定目的的聚餐。要办好筵席就必须讲究筵席上的礼节、礼仪，因为有了独特的礼仪形式，举办筵席的目的就突破了单纯的吃、吃、吃，被提升到具有文化意义的集体聚餐的高度。

先秦手抓饭
礼仪规则

食礼、食礼，吃饭之礼。

在不能用筷子吃饭的先秦时期，用手吃饭需要遵守不少礼仪规则。严格详细的吃饭规则，反映出"吃饭"的重要性，以及古代礼仪对社会活动的约束与规范。

关于如何吃饭这样的大事，先秦时期中国人一段独特的"手抓饭"年代必须提及，虽说当时筷子已经成为食器普遍使用，但是筷子是有特殊任务的，仅仅用来夹取汤羹里面的菜，吃饭不能用筷子，只能用手抓。作为极度重视礼仪的中国人，手抓饭绝对不能等同于随随便便用手对付，至于如何用手抓饭吃，先秦人有许多讲究。

说吃饭礼仪前，先了解一下"饭"的渊源。传说黄帝时期人们就开始"蒸谷为饭"，这里的"谷"就是指谷类作物，中国人还习惯用"五谷"来指代粮食，因以谷类为主食，耕作的农民曾被称为"粒食之民"。《论语》中曾出现"四体不勤，五谷不分"的说法，可以证明孔子同时代的人已经吃上了"五谷"。关于"五谷"到底包括哪几种作物，历来众说纷纭：住在黄河流域的人说是麻、黍、稷、麦、豆，住在长江流域的人说是黍、稷、麦、菽、稻。合并一下，黍、稷、稻、麦、菽、麻是先秦最重要的谷物。

黍饭和稷饭是先秦的大众普及版主食。黍，即黄米，煮熟后有点黏黏的；稷与黍差不多，只是煮熟后没有黏性。比较起来，喜欢软糯口感的人会觉得黍饭比稷饭好吃一些。

稻，在中国有几千年的栽培历史，在南方长江边上的人们以香喷喷的稻为主食，而在不盛产稻米的北方，稻米是贵族宴席上的稀罕物。先秦时，能穿着锦衣、吃稻米的一般都是不简单的角色。

麦，在先秦也被称作"来"，这个名称说明麦与原产自中国本土的黍、稷等不同，是一个舶来品。当时麦并没有大面积种植，不是日常生活中的主食，往往出现在新年等特殊时间点，被尊为贵重的粮食。

菽，就是土生土长在中国的大豆，在北方黄河流域大面积种植，成为中国人最重要的食物之一，尤其是在贫寒地区，是穷苦人家赖以为生的口粮。

貌似乱入"五谷"队伍的麻即芝麻，长相迷你的芝麻属于生性顽强的植物，中国人种植芝麻有四五千年的历史。芝麻适应性强，抗旱，容易栽培，加上有很高的药用价值，且味美功高而深受人们的喜爱。

"五谷"之中，在先秦被用来做饭的只有黍、稷、稻、

麦等，没有大豆和芝麻，大豆属于比较低等级的食物不入上流社会，芝麻则多被用去煮粥。

有了"五谷"，还必须将生谷做成熟饭。智慧的先秦人在吃上面可以说是相当用心，他们发明了当时领先世界的底部有小孔的蒸器，加热水至沸腾后，水蒸气通过那些小孔蒸熟食物。蒸法同时解决了烹饪中掌握火候与水分两大难题，成为中国人吃上饭的技术保证。

在先秦，"食"专指主食，吃好主食对先秦人来说真的非常重要，为怎样吃饭、怎样招待宾客，他们专门制定了一系列的礼仪规则，这些相关的礼仪被称为"食礼"。"食礼"的规则比较繁杂：王室负责主食的职官设置，装饭的器皿，吃饭前的洗手礼，进餐时的吃饭禁忌，等等，均有规定。

王室设置专做主食的职官："舍人"提供祭祀、招待宾客的黍、稷、稻、粱等谷物；"舂人"将黍、稷、稻、粱等谷物加工成米；"饎""稾"负责把生米做成熟饭，"饎人"做的主食供王室成员祭祀或者招待宾客用，"稾人"做饭为当值的官员和一些官员家属所用。

饭做熟后有专门的器皿来装，方形的簠盛稻、粱，圆形的簋盛黍、稷等。

貌似一切就绪可以开吃了，但是先别急，对于先秦人来说，吃饭是大事，他们对手的洁净到了近乎苛刻的程度，甚至将饭前洗手发展为一套适用于不同场合的"洗手礼"。

比如在祭祀中，设有专门团队负责宾客洗手，整个"洗手礼"郑重其事，过程流畅，充满仪式感。"洗手礼"上施礼者各司其职，端盥盘的人面朝东站立，端匜水器的人面朝西站立，捧着小筐和手巾的人站在端盥盘的人的北边，面朝南。等宾客准备好洗手时，端匜水器的人取了水缓缓将水倒在宾客手上进行冲洗，下有盥盘承水。冲洗完毕，捧小筐、手巾的人以跪坐姿态将小筐放到地上，然后从筐中取出手巾，站起来，将手巾抖动三次后，递给宾客。宾客擦手的间隙，捧小筐的人再次坐下，待宾客擦净后，再拿着小筐站起，而后用小筐接过宾客使用过的手巾。至此一套完整的"洗手礼"结束。

一般家庭平日生活中的"洗手礼"不像正式场合那么复杂严格，但是浇水、冲洗、接水、递手巾擦手等环节也是不能少的。

饭前洗手都那么讲究，吃饭当然会有更严格的规矩，先秦人有一整套关于用手吃饭的礼仪规则：

一、不能当众搓手。因为用手团饭进食，大家一起吃饭的时候，必须提前洁净双手。临饭前当众搓手，手掌上有汗，两手摩擦会生污垢，让人生厌。

二、不能颠簸给饭降温。如果饭太烫，应该等待饭自然冷却再取用，不能情急之下把饭抓在手上不停颠簸以扬去热气。

三、不能用筷子吃饭。先秦时候吃饭只能用手，不能用筷子，如果因为心急，嫌饭烫而用筷子吃饭即为失礼。

四、不能大把团饭团。用手取饭的时候不能张开手掌抓一大把饭在手里，然后使劲捏紧成一个大饭团。团大饭团是争多，失了谦让之礼。古人讲究"共食不饱"，大家一起吃饭时要关照他人，不能只顾自己吃饱。

五、不能大口吃饭。肆意大口咀嚼，风卷残云般吃完一个饭团非常失礼。先秦时吃饭以"一饭"计数，用手团一个饭团就是"一饭"。按照食礼，"一饭"要经过慢慢咀嚼，分三次咽下。《孟子·尽心上》就对肆意大口吃饭的方式进行了批评，认为放饭（大口吃饭）和流歠（大口喝汤滴落汤汁），是对尊长极不敬的行为，这也是成语"放饭流歠"的出处。

六、"三饭"而止。吃饭不能过饱，吃完三个饭团，要饮浆水漱口一次。然后必须在主人殷勤相劝再食时，才能再吃饭。但是即便主人有劝食，最多也只能吃十二饭，即十二个饭团。任你饭量再大，吃得超出十二个饭团就是失礼。所以吃饭一定要有节制，别一不小心成了衣架饭囊。

不要嘲笑先秦人在吃饭这件事情上的细碎规矩，如此多关于吃手抓饭的条条框框，说明先秦时期吃饭这件事情的重要性，吃饭的礼仪规则体现出对一起吃饭的人的尊重，同时也体现出谦让、节制等美好德行。虽然随着新食器的采用，筷子功能的扩展，这种手抓饭的进食方式在战国晚期宣告结束，但是由吃饭生发出的许多礼数陶冶了中国人的性情，使谦让、温良、稳健、节制、守礼等美德绵延千年至今。

先秦人的吃饭礼仪影响深远，让"吃饭"的外延变得很宽泛，到今天我们邀请别人还是说"我请您吃饭"，没有人说"请您吃肉""请您吃菜"。如果要礼貌地表示自己年岁稍长就说"礼先壹饭"，"壹饭"形容时间很短，"我大你不多"。另外，时至今日我们一般情况下不再用手抓饭吃，而饭前洗手则是基本的用餐礼仪。

加冠成人，
敬请见证

冠礼犹如一个成年主题宴会，三次加冠、着装整齐后才获得入席参宴的资格。作为嘉礼之始，冠礼的重要性还在于标志着一个人从此步入成人世界，必须依礼行事，承担起更多的社会责任。

古人把帽子叫作"冠"，虽然都叫帽子，但是几千年前帽子的形状与今天的帽子有很大差别。冠有一个冠圈，顶上并不封闭，只能罩住头顶的发髻，好似今天的宽发带束住头发、露出发髻的顶端。

戴冠是身份地位的象征，小孩子、平民，特别是罪犯等通通没有资格戴冠。古代贵族男子到了二十岁要举行一个隆重的成年仪式，即行加冠礼。冠礼在嘉礼中深受重视，因为嫁娶、祭祀、燕飨、宾射、贺庆等诸礼都起始于冠礼。按照礼制，冠礼有一套完整繁复的程式，细碎复杂中尽显对即将受礼者的厚爱，对成人礼的高度重视。礼，始于饮食，冠礼也不例外，成人仪式以宴会的形式进行，仿佛是对饮食与成长之间某种密切关联的生动阐释。通观冠礼的整个流程，也可以说冠礼是一次以加冠成人为目的，对时间地点、参会人员、着装、仪程、祝词有严格要求的主题宴会。

举办加冠礼的地点在庄严肃穆的祖庙。在古人看来，作为"祖先灵魂栖息的地方"，祖庙是家族存亡的象征。在祖庙举行冠礼是表示对祖先的敬重，也为让祖先见证后人的成长，告知祖先家中少年郎已经身心成熟、家族后继有人。

行礼前的准备工作有很多。首先是通过占卜的方式选出举行仪式的吉日。冠礼的主角，那位即将成人的受冠礼者，我们称冠者；冠礼的主人，指一家之主，一般是冠者的父亲，若父亲不在则由兄长担任。择日前主人要穿戴整齐到祖庙去求签，祖先福荫后世也显示在对冠礼时间的指示上。如果初次求签得出的日子"不吉利"，表示祖先对这个时间不认可，就等一段时间再来求一次。于是，一次不成求二次，二次不成求三次，一直到求得祖先明示的"吉利日子"为止。求得了"吉利日子"，主人要赶紧告知同僚、朋友，邀请大家前来参加冠礼。

冠礼进入倒计时第三天，主人通过占卜的方法从宾客中选出一位仪式上为冠者加冠的主宾，这位德高望重的主宾在冠礼上将会担当重任，是不可替代的重要角色。另外还要为主宾搭配一位协助加冠的助手，组成贵宾二人组。

冠礼前一天，黄昏时分，主人要再次来到祖庙，在庙门处郑重其事地确定第二天行礼的具体时间，并提醒相应人等做好准备工作，还要把行礼时间告诉前来参礼的宾客们。到此，冠礼的准备工作告一段落。

正式冠礼这天一大早，主人家上上下下在一派欢悦中忙碌，冠礼中需要用到的各类物品、食品按规矩提前摆设妥当。冠礼仪式上各种重要物品的摆放，以及后面各位参与者的站位都完全遵照先秦方位礼仪进行：两个方向相对时，西贵、东贱，北尊、南卑；围坐时，西北南东，由尊到卑。冠者需要在仪式中更换三套质地不同的冠和衣服，这些冠和衣服被折叠整齐分别放在不同的竹筐中，再依次放在东屋的西面，衣领朝东面，以北方为上首。各种零碎的发饰装在小竹箱中，小竹箱放置在冠服竹筐的南边。礼服等的南面还要铺设两张席。在礼服北面单独摆一瓦罐用来盛甜酒；一旁摆一个圆形竹筐，里面放着舀酒的勺、饮酒用的青铜小杯、兽角制作的取食小勺；紧挨着的竹器盛盘中放着精制的肉干、木制盛器中放着美味肉酱。另外，屋内、庭院里还摆好了盛水、取水、接水的盥洗器皿。所有的器物干净整洁，静候即将到来的重要仪式。

加冠之礼中用酒可以有醴法、醮法两种，仪节上稍有不同：醴法中宾主相互敬酒；醮法中位卑者接受敬酒一饮而尽，无须回敬。

吉时将近，祖庙大门外肃穆与欢悦交融，来宾还在路上，主人就已经率领众亲人各自就位，在庙门外东阶处面朝西站定，东阶还预留出一个空位给冠者；西阶要留给尊贵的

宾客。此时，等待"变身"的年轻人穿着童子彩衣、梳着发髻，在东厢房面朝南站立，憧憬着属于自己的大日子。

盛装出席冠礼的宾客准时到来，与主人相向而立，冠礼助手洗手完毕也站位静候。万事俱备，冠礼正式开始。依然着童子彩衣的冠者带着一身稚气从房中移步到东阶的预留席位坐下，助手随即为冠者梳头，用细缎扎好发髻，以便于加冠。接下来冠者要先后加冠三次，并更换三套服装，每次都要行饮酒礼。

第一次加冠叫"初加"，戴的是黑布冠。主宾洗手后来到冠者身边，先为其整理束发的带子，然后致辞："美酒佳肴好时辰，初次加冠亲友贺，敬父母兄弟，永葆幸福！"接着主宾将手中的黑布冠戴到冠者头上。戴黑布冠是为提醒冠者不要忘本，要懂得尊崇古已有之的传统。冠者随后起身进房中更衣，脱掉童子彩衣，换上与黑布冠搭配的黑色礼服，系上红黑色的护膝，走出房来，面朝南站立，向家人和来宾展示初次加冠的神采。

戴上冠的年轻人有了正式饮酒的资格。按照礼制，但凡饮酒之前必先祭祀，冠礼中也不例外。冠者在席上坐下，然后恭恭敬敬地站立，首先左手拿酒杯，右手拿肉脯、肉酱进行一番祭拜。接着在筵席的西端坐下，端起酒杯，浅尝辄止。在酒礼的醮法中，冠者拿的酒杯是爵，这种带把手、口沿上有双小柱、下有三足的酒杯得有一定地位的人才能使用，爵还用作君主国家贵族封号的等级，因此有得爵即得位的说法。冠者所用酒具的高级别，也侧面反映出冠礼的重要性。

再看冠者的浅尝辄止，这里的饮酒浅尝带有强烈的礼仪特征。自从有了酒，饮酒就深入不同的生活场景中，仪式中的饮酒蕴含着更重的精神成分，带有动作化符号的意味。既然是象征性动作，当然不能喝很多。另外，因醉酒引起的祸端不少，因此，古人将饮酒有节制上升到政治、礼制的高度，以酒礼约束人们的饮酒行为。冠礼上冠者第一次正式饮酒只能浅尝，好似告诫年轻人饮酒适量。当然，此时仪式刚开始，还没有到正式宴饮环节，浅尝不会引起醉酒不适，要是允许开怀畅饮，冠者一不留神喝醉了，后面的仪式和宴会就没法进行。尝完酒，冠者马上起身向主宾行礼。礼毕，冠者放下酒杯，站在筵席西端。助手赶紧过去撤下用过的酒杯和食盘等，酒樽不用撤。

第二次加冠，戴白鹿皮做的皮冠。冠者就席坐下，助手取下冠者头上的黑布冠，整理好头发，插上发簪。主宾再次洗手，然后替冠者整理发带，紧接着走下两级台阶，接过皮冠，右手握着皮冠后部，左手握着皮冠前部，再次致辞："美酒醇、肉味香，再加皮冠啊，礼仪井井有条，借酒祝福上天垂爱、福寿绵长！"主宾将皮冠戴在冠者头上，助手将皮冠带子在冠者颈上系好。皮冠象征兵权，戴上皮冠意味着冠者可以从事行军打仗之兵事。冠者起身回房，换上白色礼服，系上白色护膝，从房中出来，面朝南站立，再次向众宾客展示。然后冠者向前行酒礼，饮酒还是只能浅尝！第二次酒礼配的是两个木盘装腌菜和肉酱，两个竹盘装栗脯。饮酒礼结束，助手要过来换下用过的酒具食器，还要整理酒樽，往里面添酒。

最后一次加冠，戴的是陪伴君王祭祀时才能戴的礼帽，因此更为尊贵。主宾需要下三级台阶接过礼帽，再升堂入室，为冠者致辞："美酒佳酿、美食芳香，冠礼完成即成人，愿你承天之庆，享无尽的福气！"随即主宾为冠者戴上礼帽。戴上礼帽象征着冠者拥有了祭祀权，获得高贵的社会地位。接着，冠者回房换上与礼帽搭配的浅绛色礼服，系上赤黄色护膝。刚刚获得成人身份的冠者意气风发返回席中，仍然是左手举起酒杯，右手取肉脯、肉酱祭祀祖先，祭祀完毕尝一尝酒，起身下席向来宾行礼致谢。从黑布冠、皮冠，到祭祀礼帽，冠的材质的差别，显示了尊卑顺序，冠礼如一道门槛，通过三次加冠、三次祭祀尝酒仪式，冠者得以成人。

戴冠仪式完毕，冠礼这一主题宴会还在继续。刚加冠的冠者第一个要见的人是母亲。冠者放下酒杯，取了肉脯直奔母亲的居所，面朝北拜见母亲，并献上肉脯。母亲郑重其事地朝刚成年的儿子行礼，接过肉脯，对儿子成年表示由衷的开心。年轻人在自己的成年仪式上用酒肉祭祀神灵祖先，也为母亲献上食物表达深深的感谢。成年仪式上的酒和肉在此褪去日常平凡的饮食功能，变为一种爱与感恩的符号。

见过母亲，宾客要为冠者取个表字。古人有姓、有名，还有字。社交活动中，长辈、尊者可以对晚辈、卑者直呼其名，平辈之间、晚辈对长辈都以字相称，以示尊敬。也就是说，有字的都是已经加冠的成年人。

接着冠者的父亲作为主人设宴招待所有来宾，刚加冠的年轻人则换上黑色礼帽、更换礼服，第一次以成年人身份参加正式宴会。宴会中主人与宾客你来我往敬酒，推杯换盏，其乐融融。待宴会结束，主人将宾客送到大门外，行再拜礼，主人还殷勤地为宾客备下布帛、鹿皮等伴手礼，派人送到宾客家中。

至此，一场严肃活泼的成人仪式降下帷幕，头上的帽子让年轻人明白从此刻起自己将承续父子相继的宗法伦理精神，以成年人的身份步入社会，承担起更多的责任。经过冠礼这一隆重的"新人推介会"，年轻的冠者神采奕奕站上人生的下一个舞台，那一刻他能听见未来在召唤：

"后浪，戴上帽子，喝完酒，世界就是你的啦！"

列鼎而食有玄机

当人们提起「列鼎而食」的时候往往会不经意地想到尊荣的地位、豪华的气派。如果从古代礼仪的层面去打量，作为食器的鼎不过是列鼎制度中列尊卑、别等级的礼仪工具。

曾经，天子在华堂，张乐赐饮。周天子的宴会上，水陆珍馐杂陈，"酒凸觥心泛滟光"，豪奢、华丽逼人。周礼严谨周详，像一张无形的细密大网无处不在，罩住人们的衣食住行、一举一动，无时无刻不在提醒所有人，做事要依照原则、符合规矩，至尊无上的天子和群臣显贵也不例外。因此，即便天子的宴会，列鼎而食、欢笑尽娱中也必须尊卑有序、典而有章。

今天，"列鼎而食"被用来形容贵胄豪门的奢华生活，很明显，鼎是个高贵的器具，否则不会作为奢侈浮华的象征。原本很接烟火气的炊具食器鼎变身为王侯权贵的专属，成为用鼎制度的标志，占据周代礼乐制度的核心。这再一次有力证明：礼，始于饮食。

鼎与礼相关联，源自中国传统的饮食思维。话说古人凡事都要跟神祇、祖先请示汇报。商周时期，国家有两件头等大事：打仗与祭祀。祭祀活动越来越频繁，各类炊具食器也时常在祭祀活动中亮相。自古中国饮食就推崇熟食，鼎是烹煮器具，出于对炊具食器的尊崇，用来烹煮和盛装牲肉的鼎就被赋予神圣的光环，作为炊具的鼎裹挟着满满的烟火气，逐渐从日常生活用品中分化出来，成为重要礼器。夏铸九鼎、齐楚秦诸国夺鼎等传说印证了鼎在当时已经被神圣化为社稷王权的象征。因此，到周代鼎被纳入礼制系统，作为礼制核心工具，成为王族高门身份的标志就不足为奇了。

鼎，本来兼具炊具与食器的功能，可以用来烹煮、盛放食物。作为能和五味、煮美食的宝器，在周代最流行的炊具——圆鼎的长相很有些喜庆：两只耳朵、三只脚，中间挺个大肚罗。两耳方便提携；三脚架空稳定地支起鼎身，在下面烧火加热更容易；圆乎乎的鼓腹可以容纳更多的食材炖煮。后来逐渐演变为食器的鼎，器型上缩小了许多，比较而言相当于炊具大鼎的迷你版，列鼎而食中的鼎就特指作为食器的鼎。

关乎礼制的列鼎而食有不少严格的细节，这一点从对鼎的称呼上可见一斑。在周代，作为食器的鼎被分为正鼎、陪鼎等。正鼎又称为升鼎或牢鼎，升是指将煮熟的肉盛到鼎内的动作，升鼎得名于装肉入鼎的动作；牢是古代对祭祀牲畜的称呼，牛、羊、猪三牲全备称太牢，仅有羊、猪称少牢，牢鼎得名于鼎内所盛食物。在用鼎制度中正鼎是主角，所盛都为动物性食物，包括牛、羊、猪、鱼等。

陪鼎顾名思义，与正鼎相对，是用来盛"羞"的，所以又被称为羞鼎。这里羞是指用牛、羊、猪为原料，添加作料制作的，有滋有味的纯肉羹，这类菜肴的出现弥补了正鼎所盛肉食淡而无味的缺憾。古人有食前必祭、礼终开宴的传统，在以祭祀为首要目的的饮食活动中，为交际神明的需要，用没有调和五味的大羹（正鼎里面无味的肉食），提醒人尚质朴不忘本，不要贪恋好滋味。无味的大羹用作祭祀不错，但是在宴会中，陪鼎中有滋有味、香气扑鼻的肉羹才是真正诱人的美食。

按照古人以土为本、对陆地生长的食物异乎寻常地看重的观念，无论正鼎、陪鼎，其中食物都遵循北尊南卑、陆贵水贱的原则排列。华夏古国以农业为百业之首，牛是农耕重器，装牛肉的鼎排在最北面，享受最高待遇；接着是羊肉、猪肉依次排列；鱼因为生于水中，不够尊贵，排在猪肉后；至于腊肉，经过腌制、脱水等加工程序，早已失去初始模样，只能靠后排列。鲜美，是中国饮食中一个极其重要的品鉴标准，鼎中食物按照新鲜肉制品到加工肉制品由北向南尊卑序列排列，可谓为这一标准做了个生动注解。

先秦的礼乐制度呈现繁复庞杂、不断变化的特征，到西周时期以炊具食器为核心的一整套列鼎制度已经成熟。根据爵秩等级的不同，周王室在旧制基础上创设了一套列鼎制度：天子九鼎、卿七鼎、大夫五鼎、士三鼎或一鼎，用鼎数量为九至一的奇数，贵族等级与用鼎数量严密地捆绑在一起，随级而降。从针对周天子的规范细则看，无疑用鼎数量的多寡，标明身份的高低有别。九是至尊之数，只有最高级别、贵为天子才有资格使用九鼎。

鼎是盛装肉类食物的，依礼制使用九至一的奇数，为与鼎组配，盛放黍、稷、稻、粱等主食的器具簋采用偶数。簋大多呈圆形，在西周时期与鼎相伴相随，频频现身祭祀和宴会，一个盛肉、一个装饭，在以鼎为核心的列鼎制度中，与鼎奇偶组配成重要的礼器组合。就正鼎而言，鼎与簋组配遵照如下原则：九鼎配八簋、七鼎配六簋、五鼎配四簋、三鼎配二簋、一鼎无簋。说到底，还是级别高的数量多，级别低只能用一鼎的人，连吃主食的资格都没有。

除开奇偶混搭的鼎簋配，礼制中还有如影随形的鼎俎配。俎也是食器，上部是一块长方形案面，中间稍微下凹，下部有四足，模样酷似长腿的菜板。俎与正鼎总是形影不离，因为盛放在正鼎中的牛、羊、猪等肉食还需要转盛出来陈于俎上以便食用。俎上盛放的食物与正鼎相同，只是牛肉、羊肉、猪肉均有各自对应的专用俎，放置羊肉的叫羔俎，放置猪肉的叫豵俎。按照礼制，鼎与俎的搭配数量为：

一鼎配一俎、三鼎配三俎、五鼎配五俎、七鼎配七俎、九鼎配九俎。完美地一一对应，俎与鼎紧紧靠在一起，齐心协力为别等差、明贵贱"出力"。

以为列鼎制度就这点内容，那真是低看了古人。鼎的核心辐射力还扩散至更多的炊具食器，形成鼎与炖锅、煮锅、蒸锅等不同炊具的搭配，甚至与酱料盛食器的搭配。可以想象，依据这种规范化的列鼎制度而设的宴会，周天子端坐上席，绘有饕餮纹、盛满美食佳肴的鼎，以及与之相配的俎、簋、笾、豆渐次排开，承载着象征意义的食器与美食也从一个侧面显示出礼的价值。

随着周天子势力式微，诸侯国纷起，礼崩乐坏，西周的列鼎制度逐渐被打乱，越级用鼎的情况屡见不鲜。到战国时，列鼎制度逐步土崩瓦解，走向了尽头。

孔子的美食箴言

孔子绝对不是贪图口腹之欲的人，他对烹饪技术、饮食卫生、控制饮食等的重视，初衷是想通过食礼去调和人际关系、提升人们的道德水平。他是周礼的尊崇者，也是周礼的代言人。

从春秋战国到今天，论震古烁今、声华盖代、影响力辐射全球的中华文化人物，孔子当仁不让排第一。

作为儒家学派的创始人，他集政治家、思想家、教育家、哲学家、史学家、美学家等于一身，收了几千学生，带着弟子周游列国，培养了七十多个得意门生。一部《论语》记载了孔子和弟子们的言行，政治、教育、伦理、哲学……字字珠玉，名垂千古。《论语》的文化成就让人高山仰止，而其中对饮食文化方面的贡献也不容小觑。人们都说"半部《论语》治天下"，如果从饮食文化方面来看，说"小半部《论语》吃天下"一点都不夸张。《论语》中有许多的笔墨涉及饮食，从原料选择、食品加工、营养与卫生到礼仪规矩等等，不一而足。

饮食文化的内容在《论语》中占比多重，我们用统计数字可以说明。《论语》一共20篇，其中《学而》《为政》《雍也》《述而》《乡党》《颜渊》《子路》《卫灵公》《季氏》《阳货》《微子》《子张》12篇里出现与饮食相关的内容。《乡党》一篇更是特别，通篇不见《论语》中随处可见的"子曰"，文字集中记载孔子饮食起居的言谈举止，重心落在"礼"字上。

再看看《论语》中的高频字，"食"出现了41次，"黍""粟""谷""稻"等主食一共出现了12次，"肉"出现了6次，"饭"出现了3次……除了这些高频字，"菜""脯""瓜""甘"等字也不时闪现在字里行间。

孔子被尊崇为圣人，而这些真真切切与饮食相关的内容证明，圣人其实也很接地气，《论语》中关于饮食的论述完全可以看作孔子的美食箴言。"民以食为天"，吃是天大的事，一定要认真对待，吃也得有规矩。对照当今科学，孔子的告诫经千年而历久弥新。让我们一起来看看孔子都有哪些关于"吃"的告诫。

腐败的饭食和鱼肉等，不吃。（现代科学早就证明食用腐败变质的食物，轻者生病，重者送命，选择新鲜食材是饮食第一要义。）

变了颜色，或者颜色不好的食物，不吃。（食物颜色发生变化，往往是因为不新鲜。）

气味不好，不吃。（食物散发不好的气味，多半有变质的可能性，不吃为妙。不得不说孔子的食品卫生安全意识是相当高！但豆汁、榴梿、臭鳜鱼等当今美食不在此属。）

烹饪加工不当的食物，不吃。（食物没煮熟会不利于消化，还可能有寄生虫没杀死；食物煮过头，太老以致营养全无，吃了会对健康无益。而且烹饪方法选择失当、掌握不好，对不起新鲜的食材。）

没到该吃饭的时间，不吃。（先秦实行一日两餐制，早餐称作饔，时间大约在上午七至九时；晚餐称作飧，时间大约在下午三至五时。只有帝王权贵才能在中午吃小点心算作加餐。没到饭点别吃，按时作息、健康起居是亘古不变的真理！）

没长成熟的或者长过头的食物，不吃。（没长大的小鱼小虾别吃，太老的菜蔬瓜果也别吃。关键是这些都不好吃。）

切割加工不好的食物，不吃。（孔子推崇周礼，认为不知礼无以立。礼，是规范言行、稳定社稷的重器，贯穿于社会生活的方方面面，当然也包括饮食。为祭祀准备饮食，按礼，宰杀牛、羊、猪必须遵循一定的切割方法。如果肉切得不正，孔子认为那是违背礼仪规范，他是不会吃的。孔子主张"食不厌精，脍不厌细"，在祭祀或者宴会时食物加工要精细化，用心做美食，一来表达敬神待客的诚意，二来显示高超的厨艺。）

没有准备合适搭配的酱，不吃肉。（周代传统食礼强调肉与相应的酱搭配，没有特定搭配的酱不吃肉，孔子这是在遵循周礼。）

肉再多、再好吃，吃肉别超过主食。（五谷为养，吃肉别多于主食，否则膳食营养不均衡，肉类蛋白质过量，会不利于健康。孔子重视精神修养、轻视物质享受，主张"食无求饱"是真君子，也顺便批评了一下"饱食终日，无所用心"的人。）

酒可以喝，但是别喝醉。（虽说有时候酒能无限畅饮，但也得量力而行、适可而止，不能醉酒失态。）

担心市场上买来的食物不洁净，不吃。（遇到祭祀等，不从市场买东西吃，为的是保证食物的洁净，以示对祭祀的重视。）

每餐都有姜，但不能多吃。（姜，是个好东西，能活血驱寒、开胃助消化，常吃点姜对健康有利，但是姜味辛、有刺激性，不能多吃，尤其是体热上火的人吃多了伤身。）

参加宗庙祭祀带回的肉存放三天就会变质，不能再吃。（先秦时期祭祀结束后，祭品会按照等级分发，让参加祭祀的人带回家中。冬季寒冷相对有利于食物保存，夏季熟食在高温下短时间就会变质。不吃变质食品，完全符合饮食卫生的要求。）

食不语。（吃饭的时候说话就无法细嚼慢咽、影响消化，还有唾沫星子飞溅、当众喷饭的危险，于个人健康和饮食卫生都不利。还有种说法是，"食不语"指吃饭时口舌不能发声，就是不能咂巴嘴，按照周礼这是"咤食"，是对一起吃饭的人的不礼貌。当然今天的宴饮聚会较从前承担了更多的社交功能，在聚会上埋头吃肉、闷声喝酒，已经不太符合当代社交礼仪，但是在聚会餐桌上请务必牢记孔子的告诫，千万别无所顾忌地讲话、放肆地咂巴嘴。）

　　孔子关于饮食的箴言，总结起来包括：食材选择要新鲜，过期变质勿食用；食品加工要精细，火候掌握是关键；食物搭配有考究，主食副食要均衡；美酒好喝莫贪杯，吃饭专心不多言。孔子生活的时代，大多数人寿命不长，孔子却得享73岁高寿，应该与他健康卫生、有节制的饮食方式有很大关系。孔子的饮食箴言，可谓健康养生、餐饮礼仪的金句，蕴含着古代中国人的饮食智慧，散发出文明的芬芳。

鸿门宴上的跪坐礼

不谈鸿门宴上的刀光剑影、英雄豪气，这里要关注的是鸿门宴上各位豪杰的坐姿。在没有桌椅的时代，跪姿是标准的社交体态，甚至成为贵族们必须遵守的礼仪规范。无论项羽，还是刘邦，参宴都得用跪坐礼。

公元前206年是中国历史上一个重要的时间节点，秦朝都城咸阳郊外的鸿门（今陕西省西安市），项羽的四十万大军浩浩荡荡驻扎在此，磨刀霍霍准备以压倒性优势消灭刘邦的十万兵马。没想到，项羽阵营里面有个项伯与刘邦阵营的张良私交很好，赶紧给张良通风报信。张良又说服刘邦亲赴鸿门拜见项羽，为自己寻得一线生机。

在这场改变中国历史走向的鸿门宴上，美酒佳肴没有留下什么痕迹，暗藏杀机的刀光剑影却被精彩地载入史册。席间项羽的谋士范增让项庄舞剑，伺机刺杀刘邦；刘邦的部下樊哙则直闯军帐慷慨陈词为刘邦辩解。刘邦乘机以上厕所为由，在张良等人掩护下成功地逃回了大本营。

话说项羽铺排好筵席，等刘邦一行到来后，大家纷纷落座。当时的座次是：项王、项伯坐西朝东，亚父范增坐北向南，沛公坐南向北，张良坐东向西。如果以宾客之礼而论，项羽一方是主人，刘邦一方是宾客，正常情况下刘邦是首宾，理应坐尊位，但是，项羽、项伯这些傲慢的主人却坐了西边的尊位，被项羽尊为亚父的谋士范增坐了北边的上位。刘邦作为不被重视的宾客，迫不得已坐在了南边这个充满臣服意味的方位上。剩下张良作为刘邦侍从，只能在东边下席落座。项羽一方这是摆明了用有悖常理的座次来羞辱刘邦一方。

鸿门宴上最惊心动魄的一段是樊哙闯军帐。豪气冲天的樊哙带剑拥盾闯军帐，用自己的盾将试图制止他的军士撞倒在地，进了军帐。眼前突现一个头发直立、怒目圆睁的大汉，项羽心里一惊，当即快速反应按住剑直起腰，一瞬间把身体由跪坐切换到戒备状态。项羽的这一系列动作反映了当时流行的跪坐礼俗，宴饮等活动中人们的标准坐姿是跪坐。

商周时期人们是席地而坐的，但不能随随便便地坐，礼数要求讲究坐姿，跪坐时要求双膝并拢触地，双脚在后，臀部压在脚后跟上。这个姿势从周朝开始成为礼的一部分，进入日常生活，一直延续到唐代末年。因此可以推断，在鸿门宴这样高级别的宴会上，项羽、刘邦等人一定是各怀心机，跪坐一起。

这里有一个疑问，跪坐很不舒服，为什么古人要采用这

样一种别扭的姿势作为礼仪规范来遵守呢？可以舒服地蹲或伸出脚坐吗？站在合乎礼仪的立场，答案是"不行"！

对比这几个姿势，蹲是日常生活中经常使用的体态，但这个体态也是人们排泄的姿势，因此，在全世界诸多文明中，这种体态几乎都不在社交场合中被采纳。试想，两国外交官蹲着握手、递交国书，实在是不像话。

再看伸出腿坐，采用这种坐姿时两腿分开平伸向前，上身与腿成直角，人会放松得像一个簸箕；或者在跪坐的时候，双膝没有并拢，张开的大腿与座席正好构成一个古代簸箕的样子。坐成一个簸箕的样子被称为箕踞，箕踞在古代北方民族和南方民族中是传统坐姿，但是中原民族因讲究文明礼貌在正式场合只能采用跪坐式。

史传不少名人箕踞，荆轲是其一。荆轲在刺杀秦王失手后，因受伤无法站立，只能靠着柱子大笑，箕踞大骂秦王。生死都被抛到脑后，荆轲用箕踞表达对秦王的愤怒与蔑视。

鸿门宴上的主角之一刘邦亦有箕踞被记录在册。《史记》和《汉书》都有载刘邦路过赵地，赵王张敖尽心招待，礼节十分周到。刘邦却对赵王很不待见，常常箕踞着骂他，态度非常傲慢。

按说箕踞相比跪坐舒服许多，但是《周礼》里面明确规定了：不许！这种坐姿在周代就已经被贴上了极其不雅的标签。这么坐着怎么就不雅了呢？主要原因与周朝时中原人的穿着相关。当时的服装主要是上衣下裳，裳里面穿着像长护膝的腿筒，也就是没有裤裆。穿着类似开裆裤一样的服装，伸出腿坐，如果对面有人，难免会走光。

反观跪坐，其姿势虽然不自然、不舒服，但是席地而跪是人类特有的体态，在约束和规矩中凝结着丰富的人类文明的意义。中华文明中这一姿态从早期的顺从、臣服，发展到尊重、恭敬，到周代跪姿成为人们的社交体态，甚至成为贵族们必须遵守的礼仪规范。当然，人们跪坐时身体处于紧张状态，双膝合并，双足向后，避免了走光的尴尬。

跪坐这个姿势很强大，还延伸出不同的进阶版，比如跪拜礼。回到鸿门宴上，樊哙闯入军帐，项羽伸直腰、手按在剑上，问清楚来人是刘邦的部下樊哙后，吩咐手下赏樊哙一杯酒。樊哙得酒先是拜谢，然后起身一饮而尽。

注意樊哙此时的拜谢，那是当时古代男子所行的常礼。拜的标准动作是：先跪坐，再拱手与心平齐，然后低头到手的位置。在鸿门宴那种危机四伏的情况下，樊哙得到赐酒，先跪着行了个跪拜礼，然后起身饮酒。因为这拜谢的动作，一直觉得樊哙应该是鸿门宴中最值得尊重的人物，即便危急关头心中依然揣着礼数，绝对是猛士中的绅士。

随着桌椅板凳的逐渐出现，到唐代末期中国人已经普遍垂足而坐，但不要小看这个跪坐礼俗曾经的影响力，不信，去我们的近邻韩国、日本瞧瞧，至今他们仍然保留着跪坐的习俗。

"穿越"回汉代做客去

想想汉代已经有那么多美食，经丝绸之路来到中原，"穿越"回去做客应该能大饱口福。但是，且慢，如果不了解汉代的宴饮礼仪，估计去了也会露怯。

大风起兮云飞扬，汉高祖刘邦威加海内、一统天下，从此开启大汉帝国几百年的繁荣富强。民以食为天，饮食文明最能反映出一个时代的本真模样，如果能穿上宽衣大袖的汉服"穿越"回汉代去做客，在异彩纷呈、绚烂多姿的宴会中，定能感受到汉代礼仪在传承中的精彩变化。

今天说起汉代，大多数人首先想到的是文明强盛，但是西汉建立之初，那真是百废待兴，强盛谈不上，文明还有些"掉线"。在汉高祖刘邦的宴会上，跟刘邦并肩作战多年的群臣根本不知道什么是礼节，宴会上争吵的、打架的，花样百出。见此窘状，刘邦命儒生叔孙通制礼，以端正君臣尊卑之位。叔孙通也厉害，承担起汉代礼制的架构师、培训师等职责，不但制定了朝廷中的礼仪规范，还亲自培训群臣如何行礼、祝酒等。一段时间后，从前乱哄哄的朝堂变得秩序井然，汉高祖刘邦给叔孙通的工作点了个大大的赞，升官加爵以示奖励，从此汉代的礼制建设走上了正轨。所以今人能体会汉代的礼仪，必须感谢叔孙通。

幅员辽阔、社会安定、经济发展，让汉人有了吃、喝、玩、乐的底气，饮食礼俗也带着前代的基因欢跳出新鲜的大汉特色。周详的饮食礼俗与规制覆盖各阶层汉人，从达官贵人到平民百姓，现存大量汉代画像石、画像砖上活灵活现的饮食场景，印证了礼俗文化已经扎扎实实渗透到汉人的日常生活之中。

汉人醉心于各类宴饮活动，喜好程度不亚于现今的派对狂，差不多到了一言不合就开聚会的地步：

汉人笃信"祭祀者必有福"，天地诸神、仙逝祖先都是祭祀对象，各类庄严肃穆的祭祀活动依据岁时开展，祭祀之后再举行宴饮聚会分食祭品。

遇到过年过节，正旦（正月初一）、上元节、上巳、夏至、伏日、冬至、腊日等，每逢一年中的吉日良辰，从朝廷到地方都会置酒高堂、君臣欢康。逢册封太子、打胜仗等国家喜事，更是必须以宴饮的形式举国欢庆。

在民间，嫁娶是重大事项，汉宣帝就曾经下诏书：婚姻之礼是人伦大事，子民们可以摆上酒食热热闹闹地庆祝！一纸诏令使得结婚喜宴合法化、制度化。从此，新人办酒席算是遵照皇帝的最高指示办事。

另外，谁家生了孩子，也一定会设宴邀请各方亲友同庆弄璋、弄瓦之喜。

有人去世，丧家要设宴招待前来吊唁的亲戚朋友，按照汉代礼俗，丧礼的酒食还力求丰盛。

除开以上大事，汉人会聚会宴饮；平常时日有亲友出门远行，要设饯别宴表达不舍与祝福；做生意的设宴祝贺买卖交易成功；有那皇亲国戚、高门贵户即便是不年不节，来了兴致也会摆上豪奢的酒席尽情享乐。让我们来看看如果"穿越"回汉代做客是一幅怎样的情景。

抱着扫帚迎宾：提前受邀的宾客按时赴宴，走到主人家大门会见到一个手持扫帚的人。把持扫帚的人并未用扫帚做清洁，而是将扫帚头朝上，右手握扫帚柄，左手抱在右手上，双手抱拳一般握住扫帚把，身体微微朝前倾，神态恭敬地等候在门口。不要奇怪，这位可不是清洁工在门口等着做保洁，而是"拥彗"者。所谓"拥彗"就是抱着扫帚，汉人待客常常安排手持扫帚的人在门口迎候尊贵的客人，以表达敬候之意。"拥彗"也是汉代社交礼仪中一种特殊的礼仪规范，"拥彗"者相当于现在司职门厅的迎宾员。

按照尊卑入席：客人迎进门后，主人会安排入座。继承前代宴宾座次规矩，汉人视座次为宴宾礼仪的重中之重，因为座次反映出主宾关系、地位尊卑、实力强弱等，要了解一次宴会的人际关系，看一下座次就一目了然。至于宴会地何

方为尊，要根据建筑格局而定：坐北朝南的朝堂之上，面朝南方的位置为最尊；如果室内是东西长南北窄的长方形，则面朝东方的位置为最尊。鸿门宴上项羽就自己坐西向东占了尊位，态度傲慢地对待刘邦等人。后来室内位置的尊卑逐渐宽松，朝向门或者视线好的位置也可以视为贵。

定好座次尊卑，主宾分别落座，一般而言，若是小型聚会人不多，主宾可以相对而坐以示亲密。人多的聚会情况稍复杂：主人居中，若有身份尊贵的宾客或年长者则与主人并列居中，其他宾客分坐两侧；主宾、宾客身份地位相近的可以同席，若身份地位相差太大，就不能同席。

席地而坐、分餐而食：汉代筵席仍然如前代铺设于地，主宾入席也是席地而坐。宴会还是实行分餐制，一人对应一案。为适应席地而坐的要求，放置地上的案桌设计得比较低矮，案桌形制小而且短，大多是三条腿，或者四条腿，质量较轻，能让一般人"举案齐眉"，太重的话就可能举不起来。杯盘碗盏、筷子、勺子等食器一人一份整整齐齐地摆在案桌上，宴会中有侍者会用筷子、勺子为众人分取食物。

美食丰盛、摆放有序：不论谁家邀的聚会，美食都是重心，遵从礼制，主人应该不遗余力地置办酒食招待客人，自己还不能比客人多吃。琳琅满目的美食可不能随便上席，好在有详细到琐碎的先秦菜肴摆放方式，汉人完全参照执行即可。带骨头的肉、粮食、形状弯曲的肉干等放在左手处，纯肉、汤羹、条状的肉干、酒水饮料等放在右手处；酱汁等放在近处，细切的肉和烤肉稍远，葱等可置外圈。这样的菜肴陈设方式非常方便食用，充分体现了食礼的人性化特征。

针对鱼这类特殊菜肴，摆放方式更是相当考究：鱼尾好脱刺的，用鱼尾对着客人；鱼头好脱刺的，用鱼头对着客人。冬季鱼肚肥美，用鱼肚向着客人的右侧；夏季鱼脊肥美，用鱼脊向着客人的右侧。

置酒宴饮敬老为先：在汉人的心里，酒是神奇之物，能让子弟孝道、亲人和睦、朋友欢好、主宾融洽，酒成为宴饮标配，宾主同醉是常态。当然，关于饮酒敬酒的礼俗甚多，其中不少尊老敬老的礼数，比如：晚辈侍饮长辈，需起立斟酒，得长辈示意才能还座；长辈酒没喝完，晚辈不能先干；等等。汉人还有一个敬酒时倒过杯底表示一饮而尽的习俗，干杯后以杯底示人表达敬意的饮酒礼俗流传至今。

乐舞助兴、愉悦欢欣：宴饮仅限于吃喝不足以显示泱泱大国的风范，酒酣耳热之际，诗赋、酒令、乐舞、杂技等可以一起上来助兴。大概汉人中有不少舞蹈高手，以舞助兴成为汉代宴饮中的亮点。按照汉代酒宴礼俗，由主人开始，一人起舞邀请另一人加入，如果不接受邀请加入舞蹈会被视为失礼。才女蔡文姬的父亲蔡邕就曾因为在宴会上没有接受邀请起舞而遭人嫉恨，惹祸上身。

在此友情提示，要想回到汉代做客，仅凭一张嘴是不够的，不懂尊老敬老，不会舞文弄墨、投壶博弈、载歌载舞，基本上无法获得参加宴会的资格。

梁武帝的宴会已开场，奏乐

音乐从来都是中华传统礼仪中不可或缺的部分，当一个音乐家做了皇帝，当梁武帝萧衍凭借自己深厚的艺术修养重修礼制，传统礼仪用乐在传承的基础上焕然一新，宴会音乐的气场由此全开！

中国历史上没有哪个阶段能"乱"过魏晋南北朝，不到四百年的时间里，魏蜀吴、两晋、宋齐梁陈、北魏、东魏、北齐、西魏和北周……大大小小三十多个王朝交替兴灭。让人惊奇的是，虽然硝烟四起，战乱连绵，政权更迭比走马灯还快，但这个时期的礼制建设却一路跌跌撞撞，不停地朝前发展。

魏晋南北朝时期礼制建设能一枝独秀，应归功于有传奇光环加持的皇帝——梁武帝萧衍。作为皇族贵胄的萧衍文武双全、博学多才：吟诗弄文、琴棋书画、草隶书法、弓马骑射、阴阳占卜、儒学佛法……文学上是当时贵族青年才俊团体"竟陵八友"的核心；征战中，他一马当先，打得北魏孝文帝的部队溃不成军；他审时度势，经过缜密谋划改朝换代，建立萧梁；在位近五十载，文治武功，政绩卓著；他痴迷佛家，是出了名的菩萨皇帝，大造佛寺，甚至舍身寺庙。能在文士、将军、皇帝、佛门弟子等截然不同的角色之间切换，梁武帝萧衍的一生奇特精彩，无论从什么角度打量都非同凡响。

综合考量梁武帝的执政水平，单就礼制建设而言，他的贡献就不容小看。梁朝建立初始，面对战争后的满目疮痍，梁武帝忧心忡忡，作为开国皇帝，他很快意识到在礼崩乐坏之际礼仪制度的重要性，于是果断决定重修礼制。为保证制礼的高水准，他将帝王的权力与自己的音乐理想叠加，首先组建了一个高水平的专家团队，将五礼（吉礼、宾礼、军礼、嘉礼、凶礼）分门别类，交由学富五车的学士专门负责。

梁武帝高度重视、专家用心主持的礼制编纂工程持续了十几年，终于结出硕果。五礼内容庞大周详，合计超过一千多卷，八千多条目，涵盖了社会生活的方方面面：吉礼指导皇家宗庙祭祀等；宾礼指导皇帝接见使者、宾客等；军礼指导有关军队誓师、演练等；嘉礼最受欢迎，指导结婚、节日、请客、敬老等；凶礼则有关丧葬、赈灾等。有了这包罗万象、操作性极强的五礼制度，萧梁时期的全民礼仪建设比起前朝有了质的飞跃，更是为后世提供了可资参照的范本。

礼制在梁武帝手上变得齐整丰富，其中宴会礼仪用乐在传承前代的基础上有显著的变化，这要归功于有丰厚音乐素养的皇帝对宴会礼仪用乐提出了更高雅、更专业的要求。革新礼制之初，梁武帝就凭借自己深厚的艺术修养理所当然选择了音乐作为礼制建设的文艺基础。

宴会用乐古已有之，但是梁武帝根据自己独到的音乐审美，促使梁朝宴会用乐按照他的音乐理想，在追求宏大雅乐的道路上迈出潇洒的一大步，其中最显著的一点就是对传统礼仪用乐的增补完善与更始创新。

要让礼仪用乐焕然一新，梁武帝首先从乐器的配置入手。话说从商周时期开始就有根据不同的级别使用不同乐器的礼仪要求，到西晋战乱后礼仪制度重建，朝廷宴会用乐逐渐趋于规范。西晋时的宴会用乐称为"四厢乐"，即在宫殿的东西南北四方安置金石乐器，所谓金石乐器就是钟、鼓等打击乐器。宴会上，皇帝与群臣出入的时候，四厢乐合奏；行礼、敬酒等环节，就由一厢独奏，或者两厢协奏，敲钟击鼓发出节奏感极强的音乐，可以给朝廷宴会营造庄严肃穆的氛围，强化仪式感。

在浑身文艺细胞的梁武帝眼里，前代的四厢乐实在是单薄，不足以彰显国家气度、皇家荣光。他基于自己丰厚的音乐知识，按照五音（宫、商、角、徵、羽五个音阶）十二律（黄钟、大吕等十二个音高）定音相配，增加每一厢钟、磬、鼓的数量，配套了丝竹管弦乐器，创制了崭新的乐器搭配和演奏系统，使朝廷礼仪用乐更趋宏大高雅。

在乐曲改造上，梁武帝将原本已经散佚的汉魏古曲按照宫、商、角、徵、羽五音进行增删，重组为《相和》五引，将原本属于民间俗乐的管弦乐再造为适用于正式仪式的雅乐，极大地充实了雅乐体系。

梁武帝对于礼仪用乐歌辞的改造堪称大刀阔斧，他将祭祀、宗庙、宴饮等不同场景的用乐歌辞进行了统一，创制了十二首以"雅"命名的礼仪用国乐，规定在不同的仪式中用相同的仪节演奏相同的乐曲，歌辞也相同。至此，梁朝的礼仪用乐被打上了鲜明的梁氏标签，从旋律歌辞到演奏方式无不指向皇权的至高无上。

以梁武帝的新年宴会为例，音乐成为不可或缺的礼仪工具，贯穿整个朝廷宴会。宴会上的奏乐环节程序严整、精细。首先宴会开场，四厢乐齐奏《皇雅》曲，洪亮高亢的钟鼓之声热情洋溢地迎接天子的到来，威仪非凡的梁武帝踩着背景音乐带感的节奏在群臣簇拥下闪亮入席。

众人就座后，群臣依次为皇帝祝酒，此时音乐演奏"上寿酒乐"，奏乐同时还配以文人骚客创作的歌辞，歌辞一般就是颂扬国泰民安，赞美皇帝英明神勇，相当于用有伴奏的演唱为皇帝歌功颂德。

上寿酒后，皇帝赐食群臣宾客。皇帝通过赐食环节答谢刚才群臣宾客的祝酒，一来一往之间宴会主宾交流融洽顺畅、彬彬有礼。此时"食举乐"响起，众人要起立等候摆御饭，饭食陈设完毕，众人再次就席。

然后宴会进入最精彩的燕飨环节，伴随《需雅》柔和的旋律，梁武帝与众宾客一起有滋有味地享用起美食。按照食礼，皇帝食饮要顺乎四季变换、注意五味调和，还应当有音乐相伴，为的是顺天地、养神明、求福应。绕梁余音成为佐餐伴侣，的确可以令人心旷神怡、食欲大开。

　　到觥筹交错、酒酣耳热之际，美食享用告一段落，《雍雅》乐曲响起，表示食已毕，杯盘碗盏要马上撤离。细节总能体现出周到用心，梁武帝在宴会奏乐程序中创造性地增加撤食这个环节，不仅增加了仪式的完整性，而且以音乐的形式强调了进食环节有始有终。

　　皇家高规格宴会还会有文艺表演，梁武帝会以民间乐舞及百戏杂技招待宾客，武舞伴奏乐为《大壮》，文舞伴奏乐为《大观》。

　　专业化的礼仪音乐，让梁武帝的宫廷宴会上钟鼓齐响、丝竹共鸣，整饬严肃与燕燕欢娱的旋律此起彼伏，印证了礼制与音乐实践的完美结合。宴会临近尾声，《皇雅》乐曲再度响起，梁武帝起身离席，宴会就此结束。

春天的花式进士宴

唐代的进士宴，更像是对新科进士的职场新人礼仪大考，无论是谢恩宴、闻喜宴，还是各种相识宴，或者曲江大会，每场宴饮中都潜藏着人际交往的礼仪规则，充满了对新科进士的礼仪考验，连看似轻松的"游园探花"也不例外。

每年二月，当春风亲吻长安城，大唐读书人心里就开始扑腾，那个让人又惊又喜的进士榜单裹挟着春风，将整个长安城点燃，因为随着榜单一同到来的还有络绎不绝、异彩纷呈的新科进士宴。

唐代科举考试中，进士科属于最高阶，全国每年选拔应试者千余人，及第者仅一二十人，整个唐代200多年间，进士登科的人也就区区三千余。进士身份代表加官晋爵的资格。斩获进士身份，鱼跃龙门进官场谋仕途，成为大多数读书人日思夜想的人生奋斗目标。唐代进士榜单华丽到燃，陈子昂、王昌龄、孟郊、韩愈、刘禹锡、白居易、柳宗元、元稹、杜牧、李商隐……每一个名字都如引信，能点燃一个炸雷，震天响声贯穿千百年。

"春风得意马蹄疾"，权力和财富指日可待，前途不可限量的新科进士们聚集起来以宴会的形式庆祝金榜题名。唐代的进士宴从唐中宗开始一直延续到唐僖宗，止于黄巢起义军攻破长安城。170多年间，每年从春天到仲夏，新科进士们把当时的世界中心长安城变为嘉年华主会场。

只有宴会才可以与金榜题名、蟾宫折桂的喜悦相匹配。烧春酒、酴醾酒、乳酪、樱桃、红绫饼……让人目不暇接的各色美食与名目繁多的进士宴如影随形，数得出名头的宴会就有大相识、次相识、小相识、闻喜宴、月灯宴、牡丹宴、樱桃宴、曲江大会等。

如果仅仅凭延续整个春天的庆贺来推断进士们不过想借着宴会的恣意放纵来冲淡考试的压力、释放中举的得意欢悦，那是绝对的误判。在曲江流饮、雁塔题名的高光背后，进士们参加的每一场宴会对他们而言其实都是一次关乎礼仪的现场考试。

比如谢恩宴。唐代科举主考官很强悍，能身兼多职，一人独揽命题、阅卷、斟酌取舍、排定名次等不同的工作，权力之大可以想象，读书人能否进士及第往往取决于主考官是否赏识。因此，被录取的进士对主考官无异于千里马对伯乐，充满感激之情，第一个要感谢的非主考官莫属。

答谢要遵从特定的礼仪，第一步由状元打头带着新科进士一行来到主考官的家门前，排好队伍，具名请通报。入门后，大家在阶下靠北边、面朝东站好。能录取到优秀的门生，受到门生的尊敬，也是主考官值得夸耀的高光时刻，这时主考官家已经早早准备好东西、排好相对的两列座席以迎接进士们的到来。状元率领进士们在阶前与主考官对拜，拜完，状元致答谢词。随后，状元退回队伍与大家一起再次拜谢主考官，主考官也再次答拜。

然后进士们依次进行自我介绍，包括家庭出身、年龄大小、亲戚朋友等。这是显示背景实力的大好时机，凡沾亲带故有名望者，都会被新科进士抬出来以标举自己出身不凡，或者学有渊源。等状元代表进士们再次拜谢主考官，一通礼数完毕，众人才能登阶入席。这次宴会实际上是主考官设宴款待新科进士，宴会席位安排有规定，拔得头筹的状元与主考官对坐，占了宾客席位上的中心位置。其他进士的筵席座次的安排也必须符合礼数，各自根据年龄大小交错相对而坐，以遵从长幼有序的原则。此时，还有其他公卿前来参加宴会。酒过数巡，答谢宴结束，众进士告退。三日之后，按照礼仪规定，进士们还要再次来到主考官家里感谢提拔协助之恩，直到主考官坚持拒绝之后，登门致谢仪式才告一段落。宴会的主人是主考官，进士们是客人，整个谢恩过程遵循严格的礼仪，尊卑有序，宴会目的不是品尝美食，进士们表达对主考官的感谢与尊崇才是其主旨；宴会上的宴饮不是重点，其中的答谢礼仪环节才是关键。

之后，主考官要带领新科进士去参谒宰相，这个拜见仪式因为举行的地点设在尚书省，因此被称作"过堂"。"过堂"那天，天没亮进士们就要在堂下集合，文武百官也陪同参加仪式。堂吏已经提前准备好各位进士的名片，等进士们跟随主考官来到中书堂，宰相们（当时是群相制）已在堂门里站成一排，为仪式做好准备。堂吏通报进士前来拜见相公，并提高音量请主考官进入。主考官登上台阶拜见了宰相后，便后退到门侧，面朝东站立。此时状元端端正正站在台阶上，恭恭敬敬致辞感谢各位相公的栽培之恩。等进士们依次做完自我介绍，主司作长揖，这一段仪式才告一段落。

随后主考官身穿襕袍、手持笏板，领进士们到舍人院拜见中书舍人，舍人则穿着官服和靸鞋谦恭有礼地迎接主考官一行。此时酒席已经准备妥当，酒杯摆好、席位安好，只等舍人入席。众进士拜见舍人，舍人答拜；状元致辞并再拜谢，舍人则再次答拜。然后，状元和进士离开廊下，等候主考官出来，大家一起拱手行礼。接着进士们在堂上恭敬地对宰相表示感谢，"过堂"的礼节与参拜主考官的礼节相似，处处皆礼。新科进士相当于在主考官的带领下"过堂"见宰相，这个酒席，仍然强调答谢礼仪，而不是宴饮。"过堂"的地点、服饰、席位安排、致辞等都有严格规定，通过这次答谢拜见，即将踏入职场的新科进士对职场礼仪有了进一步的认识。

作为准职场新人，新科进士需要拓展人际交往，各种"相识"宴就成为绝佳的社交平台。

虽然宴会中洋溢着金榜题名的喜悦，但新科进士不过是觥筹交错、欢声笑语中的陪衬，主考官才是相识宴中闪耀的主角。主考官设家宴，各方亲友，包括主考官的家人、同事、朋友都在邀请之列，大家赴宴恭贺主考官新得一批优秀的门生。既然以"相识"冠名，宴会上主考官会如获至宝、喜不自禁地向自己的亲友们引见新科进士。当然通过这一系列相识宴，彼此陌生的新科进士也能相互认识、增进了解。作为读书人，进士们当然明白宴会的社交功能，也懂得对其加以充分利用。

在拜见主考官、宰相之后，进士们的聚会相对轻松许多，但虽说是同辈交往，宴会的礼数也不会减少，完全按照宴饮嘉礼的礼仪规范有条不紊地执行。本着自己的事情自己办的原则，同年及第的进士们以自己集资的方式办宴会，还各自承担一定的宴会角色：状元做录事，负责主持宴会席间的应酬等；其余人等负责宴会的食品、饮酒、奏乐、茶饮等。

各司其职中最有特色的是"探花"一角。最年轻的进士被选为"探花郎"。当年白居易二十九岁进士及第，是同科进士中最为年轻者。美如冠玉、一表人才的年轻进士堪称大唐"高富帅"，他们骑高头大马，学富五车、青春洋溢，满腹的诗书裂变出巨大能量，挥鞭打马游遍长安各大园林采摘鲜花，可以拉风到让整个长安城跟着一同狂欢起来。每每有进士宴将举行，长安城内的园林主人就闻风而动，踊跃地开

放自家园林，以能接待"探花郎"为荣。"探花郎"的荣耀自此延续，科举进士第三名"探花"之称即源自于此。

在众多的进士宴中，闻喜宴是贴着皇室标签的官方宴会。通过科举制度选拔到高级人才，当朝皇帝自然有天下英雄都到我的碗中来的喜悦。发榜后，皇帝赐闻喜宴，由官方拨出银两宴请进士。诏命下达之后，众进士要赶紧做好参加大型宴会的准备工作：人人置办大袋子，袋中装有屏风上的画障、酒器、钱物等。自带酒器参加皇家高级别宴会是特定的参会礼仪，这种操作很有大唐特色，其中闪现出唐朝从分餐到合餐过渡期的踪影。闻喜宴在曲江举行，春天的曲江繁花似锦，进士们背着大袋子奉旨参宴、逢花即饮，成就了一段段饮中雅事。

曲江关宴，也叫作离会。按照大唐人才选拔制度，获得进士资格还不能立即正式进入官场，还必须经过吏部的进一步严格考核，这最后的任职选拔被称为关试，通过关试的进士将会被授予官职，正式走马上任。关试后进士们将各奔东西为前途打拼，因此，关试后的宴会等于告别宴会，也成为压轴大宴，标志着新科进士的长安嘉年华到此结束。闻喜宴和关宴，这两大宴会一般都在曲江举办，所以总称为"曲江大会"。

皇帝会亲临曲江关宴，公卿百官也参加。虽说已经是告别宴会，谢恩仍然是宴会主旨之一，借美景佳肴，众进士会再次对皇帝、主考官等表达感恩。

作为大唐高级文人，进士们对待宴会的态度已经跨越了吃的边线，进士宴从来不以享受美食、美酒为唯一目的。冠名进士宴的各类宴会都是借进士及第的良机，以食礼作工具，用美食作材料，搭建起一座座人际沟通之桥。

戴花饮酒不仅为"凹造型"

皇帝赐花、群臣戴花，大宋朝的戴花饮酒制度是中国传统礼制中的一朵奇葩。至于礼仪规则的严苛，司马光等人的抵触得另说，单就对礼仪服饰的贡献上，完全可以为宋人鼓个掌。

说起开国皇帝的过人之处，大宋开国皇帝太祖赵匡胤的一个绝技必须提及：他发掘出宴会的强大功能，以杯酒释兵权，在觥筹交错之间，不动声色、不伤和气，解除了高级将领对自己的兵权威胁，巩固了中央集权。

仿佛是尝到了宴会的好处，在建立王朝不久，宋太祖即凭借一国之君的豪气拉开举办国家大宴的序幕。随着一场场宴会的举办，宋太祖的继承者们紧紧追随其脚步，逐渐将国家级大型宴饮活动推向一个又一个新高度：季节变换有春秋大宴，皇帝生辰有圣节大宴，祭祀后有饮福大宴，宫廷中休闲娱乐设曲宴，传统节日皇帝会赐宴，庆贺进士及第有闻喜宴……

　　盛世之宴必有章法，杂乱无章会有损于国家形象。大宋的官方大型宴会多是多，却能做到美食佳肴中情礼兼到，而这其中，宴会上戴花饮酒可谓是最为吸睛的一道风景。

　　宋人迷恋花、崇尚花，各类宴会、庆典、娱乐活动上，上至达官贵人，下达平民百姓，通通摘花而戴，梅花、牡丹、海棠、芍药、蔷薇、茉莉、兰花、茶花、栀子花……在人们的头上争奇斗艳。对花朵的集体青睐反衬出整个社会的文明与富裕，没有强大的物质保证，谁会有心思赏花去？戴花，对于宋人是展示积极审美观和乐观人生态度的方式，是一种被全社会追捧的流行观念。

　　宋人的宴会常常是推杯换盏间叠加花影摇曳、花香馥郁，戴花宴饮成为一时风尚。朝廷官员一看，戴花如此好事、雅事，官员与平民无差别化，满朝文武像平民百姓一般随意佩戴，着实不妥当。于是，礼仪机构根据尊卑有序的原则，按官员等级的不同，对宴饮戴花的规格、礼仪程序等做出详细规定，也就是说各级官员在不同的宴会上戴什么花、怎么戴、怎么取都有条款约束。就这样，戴花习俗被纳入官方宴饮制度中，成为宋代宴饮礼仪制度很有意思的一部分。

　　宴饮戴花礼仪包括赐花、戴花等不少内容，首先是宴饮戴花的品种包括鲜花和人造花。先前说到宋人对戴花有执念，戴花的场景太多，鲜花的供应又受到季节、地域、花期等的限制，因此，宴会上常常使用丝绸做的人造花。当然，如果正逢花季，皇帝会在宫中小型宴会上将名贵的鲜花赐予宗室群臣。遇到大规模的宴会，能规模化批量生产的人造花则成为戴花首选。针对不同的宴会，朝廷赐人造花的品种也有差异：春秋大宴使用华美绮丽的罗帛花，帝后的生辰宴用素雅的绢帛花，皇家私宴则用滴粉镂金花。

虽说宴会上姹紫嫣红、花团锦簇，但在等级森严的大宋王朝，不同等级的官员在宴会上得到的赐花品种和数量都有差别。从十八朵到两朵不等，双双对对的花朵，暗喻了好事成双。

大宴时皇帝赐花是必不可少的环节，按照礼制，赐花的时间一般是宴会间歇。宴会中场饮酒过半，群臣离席下殿更衣，在此期间，官员得到赐花。亲王以及地位高的官员由宦官帮助佩戴赐花，其他官员则自行簪戴。随后群臣顶花归宴等候在大殿一旁，待皇帝返席坐好，群臣齐整整地拜谢赐花。这繁复的戴花礼仪程序，显示出皇帝至高无上的地位。

赐花戴花程序并非一成不变，比如写出"书中自有黄金屋""书中自有颜如玉"千古劝学名句的宋真宗，兴致一起，会在宴会上亲自为爱臣戴花以示厚爱。宋真宗这一举动打乱了皇帝赐花、宦官替高官插花、百官自己戴花的规定，严肃的礼仪遇到随性的皇帝显示出了相应的弹性。皇帝亲自为臣属戴花被视为对大臣的特殊恩宠，得此殊荣的大臣自然是让人钦羡不已的。

男人戴花在大宋蔚然成风，但是当司马光这样崇尚节俭风的文人遭遇戴花，别扭在所难免。宋仁宗时期，二十出头的司马光考中进士，在皇帝所赐进士宴上，其他进士都兴高采烈地戴上了皇帝所赐的花，司马光寡着脸不愿戴花。同伴们好心提醒：花是天子所赐，天意不可违！司马光才勉为其难在头上插上了花。宴饮赐花戴花制度的强势，可见一斑！直到司马光晚年，在强大礼制压力下被迫戴花的不情愿、照章戴花的无奈与憋屈还清清楚楚地印在他的记忆里。

对照礼仪制度的要求，部分官员在关于戴花饮酒这事上往往会有些走偏，比如：有些人排斥男人戴花，不按照礼仪要求佩戴赐花；有些人不按照官阶高低佩戴相应数目的花朵，面对漂亮花儿膨胀到忘乎所以，一不留神在头上多插了几朵；还有些人在大殿上老老实实戴上了赐花，宴会完毕刚一出大殿就急急忙忙摘下赐花交给侍从，违反了戴花归家才能摘下的规定。

戴花很文雅，礼仪很严格！为保证礼乐制度的执行，宴饮戴花礼仪的落实，纠正拒违君命、疏忽礼仪的不良习气，朝廷推行了戴花饮酒礼仪监察制度，由国家检察机关——御史台负责此项工作。御史台一旦发现官员有违礼行为，就会毫不留情地上奏弹劾。从国家层面对戴花饮酒礼仪程序的监察，遏制了戴花违礼现象的蔓延。听命天子，为国效力，大家戴花也得整整齐齐。

皇帝赐花、群臣戴花，大宋朝的戴花饮酒制度是中国传统礼制中的一朵奇葩。遥想寇准、司马光、苏轼、陆游、杨万里、朱熹、姜夔等等，也曾经身穿朝服、花簇满头，赞天下太平、君臣和谐。那样一群神采各异的男子遵从礼制，集体戴花，在中国历史上留下一段关于花与礼的记忆。

皇帝的席，
比别人的高

在元代各种皇家宴会中，最有特色的是"诈马宴"，而"诈马宴"上的着装规则堪称中国宴会礼仪史上的一大亮点。

忽必烈靠南征北战、在马背上取得天下建立了元朝。如果因为元朝粗犷彪悍的气质而假定此朝缺乏礼仪文化，那就大错特错了。从皇家宴饮的角度观察，中国传统礼仪制度在元朝得到坚定不移的传承，同时马背民族独特的文化特色也映照其中。

忽必烈取《易经》"大哉乾元，万物资始，乃统天"之义，建国号为大元，定都大都（今北京）。忽必烈即位之初，朝仪未立，大臣们不太精通礼仪，比如：有朝贺大事，众臣不管等级高低，蜂拥至皇帝帐前高声喧哗、吵吵嚷嚷，执法官干预无果只得用棍棒驱赶出去；有"战神"附体的人根本不睬警示棍棒，赶出去不一会儿竟然可以自己跑回来继续折腾；还有一些人可谓胆大包天，未经允许竟敢擅闯三重门，把皇帝办公、生活的禁区完全不当回事儿。礼制仪轨、王朝风范荡然无存的状况真让忽必烈扎心。可这些都难不倒资赋英明、度量宏广的忽必烈，他以整顿朝仪、确立皇家尊严为当务之急，通过推行汉法、推崇儒术整顿礼制。

新政权的建立需要强有力的政治工具，礼制是当时政治工具中的利器之一。加上元代宫廷庆典不胜枚举，皇帝即位、过生日要庆祝，册立皇后、太子等要道贺，各种时令节日要欢庆，宗室藩王来朝要设宴款待……带有皇家标记的各种高级别庆典宴饮对礼仪的需求加快了元代礼制建设的步伐。

忽必烈任用一批汉族官员，参考典故，搜集唐代以来的礼制进行斟酌损益，将适合的整理成文，让文武大臣学习，遇有典礼则参照执行。一帮大臣的制礼工作得到忽必烈的首肯，但是因为制礼工作赶得太急，难免有很多疏漏，众臣无法很好地理解实施，时不时就有违反礼制的事情发生，于是，就需要重新修礼。元朝礼制正是在这动态的修订整理中逐步得以完善。

在元代各种皇家宴会中，最有特色的是"诈马宴"。诈马宴，又称"质孙宴"，是元代皇帝在上都举行的高级别大型宫廷宴会。"诈马"一词来源于波斯语，意为"衣服"，"质孙"出自蒙古语，意为"颜色华丽"。一年一度、持续三天的"诈马宴"的主持者是至高无上的皇帝，参加者人数众多、身份显赫，不是皇亲国戚，就是高官重臣。上千的达官贵人骑马赴会，万马奔腾、声势浩大的场面可想而知。

从名称能推测"诈马宴"对参加宴会服装的特殊要求，"诈马宴"上的着装规则堪称中国宴会礼仪史上的一大亮点。在宴会的三天里，赴宴者以及宫中乐工卫士等通通被要求穿皇帝所赐的"质孙服"。"质孙服"即元代重要的宫廷礼仪服饰，形制是紧窄上衣连较短的下裳，衣服、帽子、腰带上缀以珠宝等不同装饰。由皇帝赐予的"质孙服"是身份和地位的象征，得到皇帝亲赐高冠艳服的王公贵族对此感恩戴德，并以此为荣。

虽然所有赴宴者穿同一种颜色的"质孙服"，颜色每天一换，但是，由于地位等级的差异，皇帝所赐的"质孙服"同色却不同制。贵族百官的"质孙服"冬服九等、夏服十一等，多由贵重的绣锦制成，以珍珠金玉为饰物，搭配金带或者玉带。皇帝也有自己的"质孙服"，只不过更加华美：皇帝的冬服有十一等，夏服有十五等，均为金织面料加上奇珍异宝做装饰，奢华富丽至极。不只人需要打扮，连参加宴会的人所骑的马也要用五彩的雉鸡羽毛精心装扮一番，马背民族的鲜明特色在盛装的马和华服骑士之中得以呈现。

与忽必烈有过交集的意大利人马可·波罗在其游记中绘声绘色地描述了自己对"质孙服"的印象：每年皇帝颁赐众大臣"质孙服"多达十三次，每次数量都上万；每次袍服颜色各异，年度"质孙服"更是五彩斑斓，共有十三种不同的颜色；每套袍服质地精良，均以宝石、珍珠等贵重珍宝做装饰，还逐一搭配十三根价值不菲的金带；每套袍服另配绣着银丝、做工精巧的驼皮靴一双。如此奢华富丽的打扮让年轻的意大利商人马可·波罗不由得感叹：那些大臣穿戴起来，俨然有国王的风度！

席位座次是宴会的关键点，元代皇家宴会也不例外。皇室成员座位均坐北朝南、东西向排成一排，其中，皇帝席位安置在宴会大殿正中央，面前到殿门净空不设其他席位，最大化的空间留白是为显示皇权威仪；皇帝左手边是后妃公主，右边是皇子皇孙，他们的座榻高度低于皇帝，头部大概能到皇帝脚的高度。如此席位安排直接展露参加宴会者与皇帝的亲疏关系，地位愈低，座位亦愈低，与皇帝相距更远。皇帝御座高高在上，一方面方便皇帝一目了然，欣赏歌舞表演，另一方面亦是以空间高度夸耀皇家威仪、霸气声势。

宴会席位距离皇帝有远近高低的不同，宴会家具也有等级差异。元人餐厅家具有座榻、案几、座褥，却无椅子。大殿里，皇帝的左右前方，从北向南，由近而远，先安置有座榻、有案几的席位若干排。其后，有座褥、有案几的又是若干排。一案几坐两人，案几上面放有酒瓮，以及带把手的酒杓一个，方便取酒畅饮。再往后，案几、座褥全无，仅剩下席地而坐的座席。

服装、席位都那么讲究，宴会的议程也不容含糊。作为皇家盛大宴会，"诈马宴"可谓隆重肃穆。宴会的第一道仪式就是宣读成吉思汗的"礼撒"。"礼撒"意为"命令"，元太祖成吉思汗当年命人将从前的律令、训言汇总起来，编成"礼撒"写在纸上，保存于金柜中。"诈马宴"上宣读"礼撒"是让参加宴会者牢记祖宗法典，维护统治秩序。

宴会自然少不了好吃好喝，驼峰、熊掌、烤羊肉、水果、冰盘冷饮一应俱全。而元人豪放好饮，每遇"诈马宴"这样的大型宴会，白泠泠似水的高度白酒、马奶酒、葡萄酒能喝掉上万瓮。但是，豪饮也有规矩。按照酒礼，皇家宴会上，侍者敬酒后，倒退三步，伏在地上恭请皇帝饮酒，众臣也照样伏地恭候。此时乐队奏乐，音乐响起，直到皇帝饮毕音乐声才停止，众大臣才能起立。

遇到特殊的宴会，如新政朝贺，等众臣就位后，有相当于主持人的赞礼官引导大家完成仪式。赞礼官首先高声指挥：跪拜！于是众大臣跪伏、用头触地。赞礼官又说：祝圣躬万福！众臣一起答：如所祝福！赞礼官继续祝福：祈天增洪福，保佑百姓安宁，国家强盛。群臣齐声应答：如所祝福！行礼结束，众人要陆续来到一座祭坛前，坛上有一块写有皇帝名字的朱红色石碑，石碑前陈设着一个金香炉，众人焚香、大礼参拜后返回原处。

元代皇家宴会礼仪还有一个特别之处是针对宴会服务所设。宴会服务人员，必须戴口罩遮盖口鼻；所有御用器皿上必须加盖，这些都是为防止食物污染。所以，看到有关元代的影视作品中，宴会服务人员没戴口罩的，可以去纠个错。

洪武年间的
乡饮酒礼真人秀

乡饮酒礼历史久远,到明代,敢于除旧立新的洪武帝朱元璋让乡饮酒礼有了新的一味道——乡饮酒饮的教化功能在一步步议程、一条条规矩中得以放大。

在回看洪武年间那场典型的明代乡饮酒礼前,有必要对乡饮酒礼的背景做一些铺垫。

作为礼仪之邦,中国人的乡饮酒礼也有一定的礼仪规则。追本溯源,乡饮酒礼是古代嘉礼之一,最早的有关乡饮酒礼的文献可以追溯到西周时期,在《礼记》中就详细记载有乡邻之间以敬老为主题的聚会宴饮——乡饮酒礼。

"乡",并不是指乡下、郊野,而是指国的一部分,也指代行政区域。因此,能参加乡饮酒礼的所谓乡人,并非田间劳作的平民百姓,而是有较高地位的贵族阶层。乡饮酒礼起源于上古时期人们的集体活动,到先秦已经演化为养老尚贤之礼,以尊重年长者、有德行者为特征,以宣导孝悌贤德为目的。从先秦开始，乡饮酒礼就与儒家学说相互融合，《论语》中就记载孔子在本乡总是保持谦谦君子的风度。其后，经历不同朝代更替，乡饮酒礼内容虽然不断变化，但仍然与时偕行、代代相传。

1368年，布衣出生的朱元璋在南京称帝，国号"大明"，年号"洪武"。初掌皇权的朱元璋认识到礼制建设的重要性，希望借古礼移风易俗，加强统治。由此，传承、落实各地乡饮酒礼便成为洪武帝礼制建设的重点。朱元璋的礼仪建设目标很明确，教化民众、维护秩序、强化统治。朱元璋在位期间，对乡饮酒礼建设的关注热度从未衰减，他曾经颁行《乡饮图式》，对乡饮酒礼的细节做出统一规定。经过洪武年间持续不断的充实完善，乡饮酒礼在原有古礼基础上得以改进创新，形成一系列可操作性强、制度化的礼仪规范。

首先是明代乡饮酒礼的实施范围扩大，几乎囊括了全国所有的府、州、县。乡饮酒礼深入基层社会，被设计成为全民参与的集体活动。

规定乡饮酒礼的举行时间：各府、州、县是每年农历的正月十五、十月初一，基层的乡间是每年春季、秋季祭祀之后。

覆盖面如此广泛的乡饮酒礼需要强有力的资金保障，举办乡饮酒礼的经费（采办酒菜等费用）完全由官银支出，中央政府根据预算核实后提前发放相关费用。这个措施不需要地方政府自行筹资办宴会，既杜绝了民间摊派增加百姓负担，又避免了浪费。贫寒出身的朱元璋此举确实贴心。

为保证礼仪能实实在在地落实，明朝乡饮酒礼与法律惩治相互融合。如：参加宴会者的席位遵守长幼有序的原则，凡是年长者，虽然穷，仍然上座有请；年轻者，即便是富豪，只能下座。但是，对于有过错之人，纵使家财万贯、老得眉毛胡子都白了，也只能灰溜溜坐在末席接受教育。

另外，朱元璋别出心裁，在明代乡饮酒礼中创新性地增加"读律"（宣读《乡饮酒礼》《大明律》等）环节，推行以法行礼。按照要求，所有犯过错的人必须单另成席，不能混杂在好人堆里，并且在"读律"时，全部老老实实站在中堂听训谕，"读律"完了才能回到原位。如有不赴宴，或者强行坐上宾客席位的，会受到严厉的惩治，严重的甚至会被流放。这一变化使明代乡饮酒礼在前朝尊老尚德的基础上，增加了分善恶、别奸顽的功能。一场乡饮酒礼上，上席坐着德高望重的榜样楷模、下席坐着声名狼藉的反面教材，鲜活生动的学习材料同时呈现，对一乡民众的冲击与震撼可想而知。

现在来还原洪武五年（1372）苏州府那场具有代表性的乡饮酒礼。此次乡饮酒礼的负责人魏观乃明朝初年朝中重臣，是一位饱读诗书、经验丰富、政绩突出的官员。出任苏州知府后，魏观摒除前任苛政，落实朱元璋明教化、正风俗的治国理念，积极筹办乡饮酒礼。

　　乡饮酒礼的准备工作千头万绪，筛选邀请乡饮宾客是其中最重要的一步，筛选的程序很严格：初选名单由基层官员推举，然后逐级上报，经过层层复查审核，最后由负责地方学政的提学官核准。

　　按照乡饮酒礼的规定，入选者必须在年长、德重、才高等几个方面全面达标。其中，贵宾级别的乡饮宾客分三种：退休官员中德高望重者为大宾，年高德重者为僎宾，年岁稍长又德才兼备的人为介宾。这三类贵宾分别被形象地比拟为"日、月、星"，乡饮酒礼上这些年高德劭者便是神采奕奕、光芒四射的存在。

　　如果把魏观主持的这场乡饮酒礼比作演出，那么此次演出的阵容堪称豪华，乡饮宾客里有《大明志书》的参编者、政绩显著的进士魏俊民，有孔子的后代孔思赒，等等。总之，所有乡饮宾客，都是苏州地区名声显赫的贤德之士。一众参会宾客都是经过严格筛选出来的，且名额有限。

　　高素质的人办高质量的会，魏观在实施乡饮酒礼时已经深谙此道，参与宴会服务的人员也要经过层层筛选审核，必须是身家清白、年富力强、知书识礼的人。

　　临近宴会，各项准备工作必须确保到位。宴会场地府学学堂打扫得干干净净；宴席所需桌椅板凳、餐具酒具一应俱全，座次已经安排妥帖；后厨里宴会要用到的各种食材也已备齐。所有工作人员按照酒会议程提前彩排，保证酒会能顺利进行。

在教化民众目的的指引下，乡饮酒礼完全对外开放，相当于一场礼仪教化真人秀。因此，举行乡饮酒礼的那天，民众可以前往观摩学习。

宴会当天清晨，参加乡饮酒礼的各界主角准备登场：魏观等官员身着崭新的官服，等待宾客的到来，礼仪官成竹在胸静候一旁，服务人员各自就位确保万事俱备。乡饮酒礼场地学校外面则是另一番热闹景象，观摩民众已把学校围得水泄不通。每有宾客到门口，迎宾者就会大声通报"宾至"，魏观等人随即前往迎接。作为主人的魏观面朝西站立，宾客则面朝东，谦让再三才进入正厅。宾客登堂后，主人再次感谢宾客，宾主之间互相致礼，宾客才入席落座。

座次完全按照乡饮酒礼的规定：东南方凝聚"仁"气，主人以仁厚待客，因此作为主人的魏观面朝西北坐东南方；西北方凝聚极富尊严的"义"气，为表达尊敬，大宾魏俊民面朝东南席位在西北方。僎宾坐东北，介宾坐西南。座次的安排在此富含深意，根据古礼，就南北向而言，面南为尊；就东西向而言，面东为尊。大宾魏俊民席位在西北，面朝东南，是整个宴会上最尊贵的位置。

所谓乡饮酒礼，饮的是酒。待众人坐定，宴会司仪报仪式开始。首先司仪引导司正（酒会监礼者）从西面沿阶进入大厅，司正面朝北向着众宾站在大厅中央。然后，司仪请大宾、僎宾、介宾等贵宾以下的宾客起立，司正与众宾相互致礼。接着，司仪高声道"请司正举杯"，于是，司正高高举

起一个装满酒的酒杯，此一举象征酒会正式开始。

接下来，司正发表热情洋溢又中规中矩的酒会祝词对乡饮酒礼的意义和目的进行说明，强调举行乡饮酒礼，并非为了吃喝，而是为褒扬忠君尽孝、长幼有序，让乡饮酒礼起到内睦宗族、外和乡里的作用。祝词结束，司仪请司正将杯中酒一饮而尽。饮毕，司正与众人相互致礼，司正复位后，站立的众宾随后重新坐下。

紧接着，"读律"环节上演。司仪先高举起律令，再把律令放到大厅中央的桌案上。"读律"的秀才在司仪引导下来到桌前，向北站立。司仪指挥贵宾之外的宾客起立行礼，然后"读律"开始。前面介绍过，"读律"期间，还有一个犯错有罪的特殊人群也必须站在为他们专门划定的区域，接受教育。

"读律"结束后，司仪宣布开席，服务人员按照贵宾、众宾的顺序依次呈上食案。贵宾的上席与一般宾客的席位所供食物的质量和数量都有差别，因此这个环节需要根据席位的先尊后卑，井然有序逐级上餐。

美酒佳肴已经摆好，却还不能动筷子。这时司仪宣布"献宾"。献宾环节古已有之，是乡饮酒礼中的重中之重。主人魏观在这个环节，先起身下堂清洗酒杯、斟满酒，来到大宾席前放下酒杯，退后一点，施礼，大宾答谢。魏观再次洗杯斟酒来到僎宾席前，如前与大宾一般，与僎宾相互施礼，然后回到自己的席位上。

饮酒讲究礼尚往来，主人魏观敬酒之后，轮到宾客答谢。司仪道"宾酬酒"。于是，大宾、僎宾分别起身，洗杯斟酒，来到主人魏观席前放下酒杯。三人相互施礼完毕，各自复位。

接着等介宾孔思瞒和其他众宾的酒杯依次斟满，随着司仪一声高亢的"饮酒"，乡饮酒礼实打实进入饮酒环节。然而作为礼仪示范的乡饮酒礼，其饮酒环节仍然保持着明显的理智，严守饮酒礼仪。等到三种汤品上齐后，乡饮酒礼接近尾声，随后司仪宣布"撤馔"。此时酒席撤下，礼仪未完。魏观率领属下站在大厅东面，大宾魏俊民等宾客站在西面。相互施礼两次后，司仪宣布"送宾"。宾主分别从东西两侧走出大厅，到大门时，再相互施礼，魏俊民等众宾离开，一场盛大的乡饮酒礼真人秀就此完结。

苏州的这场乡饮酒礼，规模宏大、准备周详、秩序井然、礼仪完备，不单是洪武年间的乡饮酒礼盛事，也给后世留下详细的礼仪记录。

皇帝的除夕宴

除夕，从古至今，这个岁月轮回上重要的时间点，在中国人心中都具有非同寻常的意义。除夕不单是除旧迎新的大日子，也是家人欢聚的团圆日。亦如寻常百姓家，清朝宫廷里的除夕夜也会被喜气洋洋的团聚氛围占据。

礼，始于饮食。满族人入关后，饮食服用都向汉人靠近，满族与汉族文化交相辉映，在清宫中也逐渐形成多民族文化交融的饮食礼俗。传统礼仪制度与满汉习俗融合，使得在严格的礼仪制度下展开的宫廷饮食生活，于烟火气中透出皇室独有的整饬有序。清宫里面也过四时八节，各种时令节日一个都不能落下，而乾隆皇帝即位后，对岁时节令尤其重视，命人编制则例，规定元旦、端午、中秋、重阳、冬至、除夕为法定筵宴日。那么，在除夕这个特别日子，乾隆皇帝在清宫里的除夕宴会是一番怎样的情形？

大宴之前，御茶膳房总管要向乾隆口奏请旨，请圣上指示除夕宴的时间、地点、陪宴人员等。隶属于内务府的御茶膳房职能是负责宫内的膳食筵宴，相当于清宫内的餐饮后勤保障部门，主要任务是：职掌皇帝、后宫嫔妃等的每日饮食；承办宫内各种大小宴会；承担大内各部门工作人员每日饮食；负责管理林林总总的炊具、餐具；负责征收、储藏各地进献的山珍海味；等等。因此，御茶膳房就是宴会的具体实施机构。御茶膳房有一个特别之处，下设档案房，专门记录宫内的饮食活动。到乾隆时期，在皇帝的重视下，御膳档案工作越来越规范成熟：皇帝每天几时用膳，吃了什么，用了哪些食器，餐桌如何布置……主事档案的团队，围着皇帝，密切关注他的饮食活动，认认真真做好皇帝御膳的每日更新。当然，也多亏那些详尽的皇帝饮食起居流水账，为今天还原乾隆除夕宴提供了丰富而宝贵的文献。

今天的家庭除夕宴一般都在夜幕降临、华灯初上时开始，清宫除夕宴的时间却要早很多，这与清朝皇帝的日常进膳食制相关。天刚破晓，早起的皇帝在清晨五点吃一些早点开胃；大约六点至八点经过短暂活动，周身血气集中到胃部，皇帝开始吃第一次正餐"早膳"；大约下午一点到两点，忙碌半日，太阳偏西正好小憩，皇帝开始享用第二次正餐"晚膳"；至于消夜的时间不固定，一般在皇帝就寝前。遇到逢年过节有宴会，情况有所变化：早餐时间还是七点左右，大宴大约在中午十二点，晚餐则在下午五点左右。所以乾隆二年（1737）除夕宴前，大内总管征求乾隆皇帝意见后传圣旨：今日大宴，下午五点开始。

平日里皇帝用膳多在养心殿、重华宫等地方，而除夕宴则多安排在内廷正殿乾清宫举行。临近年根，乾清宫就要装点起来迎接新年：台阶下安置天灯；台阶上设万寿灯；除夕前两天，门、檐点燃大宫灯，围廊、栏杆处已经点亮几百盏挂灯，璀璨的灯光将过年的氛围烘托到极致。到除夕夜，乾清宫会举行隆重的上灯仪式，负责点灯的太监从乾清宫大门起一跪一叩礼，随一声嘹亮的"上灯"，音乐响起、鞭炮齐鸣，各处灯盏渐次点燃，打造出一个火树银花除夕夜。

那么，都有谁能参加除夕宴呢？按照平常的理解，除夕是家人大团圆，而清宫的除夕却不同于民间。帝王的饮食起居是国家大事，有专门的典制约束，平日里皇帝只能一个人用膳，所幸在除夕宴上，威仪天下的皇帝终于不用再扮演孤独的美食家。但是在清宫除夕大宴上，陪宴的只有皇后、嫔妃等，皇帝成了当仁不让的唯一男主角。也就是说除夕夜宴皇帝仅仅与自己的嫔妃们团聚，得到第二日元旦大宴，再由太子、阿哥们陪宴。因此，除夕大宴上见不到皇帝之外皇家男子的踪影。

除夕宴是皇帝的家宴，也是正式宴会，按照清代宫廷冠服制度，在重大吉庆节日、宴会上，皇帝着正装龙袍"吉服"，一套完整的"吉服"包括吉冠、吉袍、吉带、朝珠和靴子。龙袍主色调采用皇家专用的明黄；主体花纹是九条刺绣金龙，九条龙分布巧妙，正面、背面都能看见五条团着的龙，以寓意"九五之尊"；龙袍下摆还绣着被称为"江水海

崖"的水波纹样，寓意山河永固、万世升平。但是，乾隆在着装上有时会不走寻常路，兴致一来，或许是对满世界的明黄色审美疲劳，或许希望在自己的嫔妃面前有一个新的英俊形象，他会特地传旨：除夕夜朕要穿茶色的龙袍！反正皇帝有足够的权威跳出冠服制度的束缚，完成对自己兴趣爱好的小追求。

都说皇家宴会豪奢，但是再豪奢也得符合礼仪规则。《大清会典》专门规定了节日宴会的用餐标准，该标准将宫内筵宴分为"满席""汉席"两个系列，"满席"分六个等级，"汉席"分五个等级。高于四等的"满席"是祭祀所用，除夕宴这样的高级别宴会是四等"满席"。

除夕那天午后，宴会就要开始摆席。餐桌和餐具用什么样式、用哪些菜式、餐桌怎么布置等等，都有严格的等级区分。

乾清宫里正中坐北朝南摆象征皇帝绝对权威的"金龙大宴桌"，皇帝左手边摆金匙，右手边摆金镶象牙筷等。旁边还摆着奶饼、奶皮等小点心和各种佐餐酱菜。

皇帝享用的美食佳肴很丰盛，摆放也遵循宴会陈设规则：菜肴摆放从里向外摆八路，头路摆四个放着青苹果的果盘，旁边有鲜花花瓶做装饰；第二路摆九只盛蜜饯的高脚碗；第三路摆九只盛点心的折腰碗；第四路摆两副装着果仁的红雕漆果盒；第五路到第八路，摆各种肉类制成的冷盘、热菜等共四十样。

再看皇后嫔妃们的席位陈设和菜式等。在皇帝"金龙大宴桌"左侧，坐东面西带帷帘的高桌是皇后的座席，桌上用金盘金碗等摆各种冷热菜肴三十二样、点心四样。皇后与皇帝一样能享用显示最高身份地位的黄金餐具，盛放菜肴的餐具也是黄里黄面、绘着暗云龙纹。

在皇帝、皇后面前，东西向摆着皇贵妃、贵妃、妃、嫔、贵人等的席位。皇贵妃、贵妃一人一桌，妃、嫔、贵人两人一桌或三人一桌。嫔妃桌上分别摆冷热菜肴十五样、荤菜七样、果子八样。皇贵妃、贵妃、妃一级可以用黄底绿云龙纹餐具，嫔用蓝底黄云龙碗，贵人用绿底紫云龙碗。所以根据桌上餐具的颜色花纹等就可以知晓嫔妃们各自的身份地位。

一阵忙碌后，餐具、装饰品都已经按规矩摆好，各席桌上除汤膳之外的冷热膳已经上齐，宴会在即。下午五点左右，皇帝在欢快的乐曲声中升座，皇后嫔妃们也依次入席，除夕宴正式开始。

热腾腾的汤膳第一个被端上皇帝的桌，等皇帝的汤膳盒子的盖子送出大殿，才开始给皇后嫔妃们上汤膳。接着是上奶茶，上奶茶的顺序也同汤膳。

待上完奶茶，开始"转宴"。"转宴"就是把各种美食从皇帝开始，依次转给皇后、嫔妃们享用。

"转宴"完，开始摆酒。皇帝的一桌酒膳异常丰盛，有四十多种菜肴，皇后有酒膳三十多种，嫔妃们的酒膳每桌有十几种菜肴。用酒，是清宫典章礼仪制度中的重要内容之一。清代统治者不提倡饮酒，要求用酒有节制，严禁嗜酒贪杯。乾隆皇帝更是因酿酒原料会消耗口粮，影响到国计民生，而发出过严格的禁酒令。虽说如此，宴会中仍然不能少了酒的身影。因此清宫礼仪规定了一系列不同宴会的用酒规格。像除夕宴这样的宫内家宴，用酒有十瓶，每瓶重达十五斤。

　　按照礼仪，待席上佐酒佳肴摆好，太监总管要跪着向皇帝进酒，皇后嫔妃们一并向皇帝叩头。此时有音乐响起，皇帝端起酒杯，在乐曲声中饮下辞旧迎新的第一杯。待皇帝饮完，皇后、嫔妃们才依次端杯。

　　酒过三巡，宴会进入尾声，上果茶。参照进酒礼仪，果茶也由太监总管跪着献到皇帝跟前。用过果茶，皇后嫔妃们起身。如同宴会初始迎接皇帝升座、宴会中间皇帝第一次举杯有音乐背景，宴会结尾时音乐再次响起，恭送皇帝起身离席。乾隆家的除夕宴就此结束，新一年的大幕正在缓缓升起。

陕

第二篇 筷子传奇

筷子，是最具中国文化象征意义的标志性食器。本篇首先探寻了筷子悠久的历史和深厚的文化内涵。然后以时间为脉络，纵横千年，讲述与筷子相关的传奇故事。最后介绍了有关使用筷子的礼仪以及相关禁忌，举起筷子就请遵循用筷礼仪，在餐桌上践行对中华传统筷子文化的传承。

大禹
折枝成筷子

筷子的历史源远流长，有关筷子发明者的传说很多，其中流传最广的就是大禹发明筷子的故事。大禹带领队伍辗转各地治水，一次，为节省用餐时间，他顺手从树上折下一根树枝掰成两节，用其取到了滚烫的食物，筷子就此诞生。

　　筷子，是中国人标志性的餐具。但与中国人朝夕相处、亲密相伴的筷子究竟是由谁发明的？

　　有关筷子发明者的传说不少，其中流传最广的就是大禹发明筷子的故事。是的，这个大禹就是传说中夏朝的开国国君、大名鼎鼎的治水英雄。

　　传说在尧舜时期，洪水泛滥成灾，大禹受命治理水患。面对重任，贤能勤勉的大禹没有丝毫懈怠。新婚不久，大禹就挥别妻子，踏上治水的道路。他带领大家跋山涉水、风餐露宿，足迹遍布中原大地，甚至三过家门而不入。

　　一次，大禹一行人来到一座荒岛上，饥肠辘辘，大家赶紧生火做饭。不一会儿，锅中沸腾，散发出食物的香气。众人虽然饥饿难耐，但面对锅中滚烫的食物，却无从下手。

远处白浪滔天，洪峰即将到达，他们必须赶紧吃完饭，投入疏通河道、引水入海的第一线。但是眼前锅中滚烫的食物让大家一筹莫展。

面对困境，大禹环顾四周，灵机一动，从身旁的大树上顺手折下一根树枝，三下五除二摘掉树叶，掰成两节，然后把树枝伸进汩汩冒着热气的锅里，夹出了食物，安安稳稳地放进口中，美美地吃起来。众人见状，纷纷效仿，用树枝快速地取食吃饭，然后精神抖擞地重新出发。

后来，人们发现照大禹那样用树枝取食既方便又防烫，就逐渐习惯于使用处理光滑的树枝来夹取食物。随着治水英雄们的足迹，用树枝取食的方法传播到四方。于是，口耳相传中，大禹被尊奉为筷子的发明人。

筷子更名记

筷子，其实最早并不叫筷子、梜、箸、筋都是筷子的曾用名。直到宋代，「筷子」一名才出现，这个名称有对材质的直白描述，蕴含着人与日常食器之间的亲密情谊，以及人们对未来生活的美好憧憬，因此，被中国人沿用至今。

　　筷子，其实最早并不叫筷子。在中国人使用筷子做餐具几千年的漫长岁月中，"筷子"有过好几个名字，有的直白、有的委婉、有的浪漫……

　　受生活环境的影响，先秦时人命名事物多半走率直风，没有太多的诗情画意，能做什么用，就叫什么名，筷子能夹食物就直接叫"梜"。"梜"的木字旁，印证了筷子最初来源于树枝；"夹"更是直白地表现了筷子的功能是夹取食物。当时，汤羹里面有菜，用筷子取；汤羹中没有菜，就不用麻烦筷子了。

　　秦汉时期，皇亲国戚、钟鸣鼎食之家已经有使用金银筷、象牙筷的了，但那些精贵材质的筷子寻常百姓之家哪里

梜　　　箸　　　箭　　　筯　　　筷　　　箸、筯、筷
（先秦）　（秦汉）　（晋）　（唐）　　（宋）　　（明清）

用得起！当时人们发现用竹子做的筷子好打磨处理，而且比木棍耐用，干脆就大范围采用竹子做筷子。既然顺手耐用的竹筷给人们生活带来很大的便利，记住它的好是必须的，人们就把竹字头加在上面，给筷子改了个名字叫"箸"，这直接表明：筷子原材料已经迭代更新，现在我们不用粗糙的木棍做筷子了，我们换了质地细密的竹筷子，吃饭还带有竹子的清香味。

魏晋时期，纵然战乱纷争、生活动荡，也不能阻挡人们对生活的热爱，人们依然对世界充满柔情，对周遭事物满是感激，饭桌上忙忙碌碌的竹筷子变成了人们最铁的好友。这么好的朋友应该有专门的名字，于是人们给筷子再改了个名，把竹字头加在"助"上面称"箸"，以感谢筷子对人们的无私帮助。

唐代的时候"箸"还是筷子的常用名称。大唐国力强盛，达官贵人开始追求更高的生活质量，各种生活用品的材质越发贵重，制作筷子的材料从竹木换成了金、银、玉石等，比如处于权力顶峰的唐玄宗就用起了"金箸"。那些贵重材料制作的筷子被叫作"金箸""银箸""玉箸"，虽然筷子的材料变成了昂贵的金、银、玉石，但是"箸"的名称仍然保留。

到宋代，文艺的宋人对美食的追求一如前朝，水产品逐渐在饭桌上受到追捧，南方渔民的捕捞作业越发重要。而渔民最不愿意遇到行船受阻、停滞不前，偏偏日常使用的筷子却叫作"箸",倒霉地与"住"同音。"住"意味着停止,船停下来就意味着捕不到鱼、没有收获。为避讳,渔民们根据自己行业的特点和特殊需求,凭借劳动者的耿直,决绝地撕下"箸"的名牌,让"快"成功上位,希望借这个吉祥的字让行船飞快、捕捞丰厚。后来有人觉得筷子助力吃饭,给人许多的相伴,如儿子般亲近,就亲切地把筷子叫作"快儿""快子",还不忘记加上竹字头。这便是沿用至今的"筷子"的名称由来。

"筷子"这个名称有对材质的直白描述,蕴含着人与日常食器之间的亲密情谊,以及人们对未来生活的美好憧憬。虽然明清时期"箸""筯""筷"差不多同时都被用来指筷子,但是随着时间流逝,"筷"逐渐被人们广泛接受,"筷子"这一名称被按下了确定键。

筷子变形记

孔子、刘邦、岳飞等不同时代的人用过的筷子形状大致相似，但是仔细看，在外形、长度等处仍有显著差异。直到明代，筷子基本完成定型：方首圆足的细长条棍，长约二十五厘米，这也是今天标准中国筷子的造型。

今天中国人使用的筷子外形是细长的条棍，大约二十五厘米长。仔细看，入口的一端圆形、很光滑，不会伤口唇；手执的一端为方形，有明显的四方棱角，能防止筷子滑动。中国筷子如此精妙的外形，也是历经千百年演变而成。

在春秋战国时期，群雄纷争，诸侯相继称霸，诸子百家争鸣。齐桓公、晋文公、宋襄公、秦穆公、楚庄王、孔子、商鞅、屈原等使用的筷子首粗足细，整体为一头大一头小的长锥形，与今天的筷子相比更长一些、更细一些。在一些象牙筷、骨筷上，已经出现装饰花纹，不过估计主张"节用"的墨子不会使用这种花哨的筷子。

到秦汉，刘邦、项羽、卫青、司马迁、霍去病用的筷子

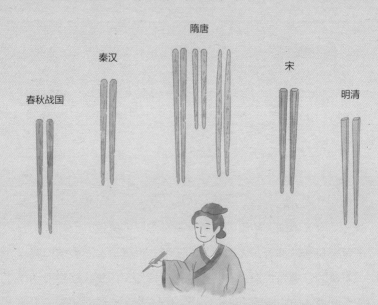

隋唐

秦汉

宋

春秋战国

明清

仍然是首粗足细的长锥形，虽然依旧纤细，但是长度已经接近今天的筷子了。只是不知道因为"胡汉和亲"嫁到匈奴，有沉鱼落雁之貌的王昭君到了北部边境是否继续使用这样的筷子？

隋唐人自由奔放，对美化食器造型很是热情，在筷子的形状上玩起了各种花样。虽然当时流行的筷子大部分模样还是首粗足细，但长度不一，有的长度达三十厘米，有的却仅十五厘米。有那热爱生活的贵族，不甘于筷子首粗足细的平庸外貌，想给筷子做些装饰，筷子入口端是不能打主意的，于是花费心思给筷子安个金光闪闪的黄金葫芦头，或者给雕刻个莲花造型。还有那标新立异的人，做出个两端细圆、中部略粗、苗条棒槌模样的筷子。很好奇这棒槌筷子如何使用、有哪些使用场景、发明者又是何许人。

陈桥兵变开启了延续三百多年的宋朝，儒学复兴、科技发展，文艺细胞爆发、讲究生活质量的宋人怎么也得在筷子的形状上做一些文章。他们给古已有之的长锥形筷子做了个微整形，长度保持在二十五厘米左右，足部圆形不变，首部变成了漂亮的六棱柱形。

辽金时期筷子的形状较前代没有大的突破性变化，圆柱形、六棱柱形筷子继续并行使用中，仅仅是在长度和粗细上做了细微的调整。对筷子外形的改造，元代人给出的小惊喜是在六棱柱形筷子的基础上增添了两棱，设计出首部呈八棱柱形的筷子。

明朝经济繁荣、文化昌盛，资本主义开始萌芽。大航海家郑和下了西洋，大夫李时珍完成了《本草纲目》，科学家徐光启组建了国家级科研机构，《水浒传》《三国演义》《西游记》纷纷问世，戏曲家汤显祖的《牡丹亭》唱得家喻户晓……大时代的人物格局大，把筷子改成了方首圆足，各位，这就是今天标准中国筷子的造型！

到了清朝，方首圆足成为最流行的筷子样式，只不过清人在筷子装饰上下了些功夫，尤其是在宫廷里，紫檀木筷子镶金嵌玉、镶玛瑙、镶象牙……甚至在狭小的筷子面上题字画画，一来把日常筷子往高雅艺术品方向带，二来可以彰显皇家的富贵豪华。

筷子从明代开始定型为方首圆足，这居家寻常物件，其造型却藏着深意。古人将"天圆地方"的宇宙观运用到筷子的造型上，圆形象征天，方形象征地。"天"由浩瀚星空中的日月繁星组成，各种天体处于周而复始、永无止境的运动中，好似一个圆；而"地"就在脚下，方正稳固，承载人类代代相传、生生不息。

苍天笼罩着广袤无垠的大地，天圆地方的造型让筷子幻化为一个小宇宙，以方圆并举，寓意天人合一、天长地久，成为祈求时空万变、福气绵绵的吉祥物。当中国人收纳干净筷子入筷笼中时，总是习惯将入口端朝上竖立放，因为入口端朝上更清洁卫生，更重要的是代表天圆地方的筷子齐齐地立在筷笼中，好似吉祥物为家人默默祈福。

中国是筷子的故乡，筷子这种蕴含丰富文化内涵的取食工具流传至周边国家，形成了"筷子文化圈"。

在朝鲜半岛，筷子的出现渊源可以追溯到"箕子朝鲜"时期。关于箕子，我们在《商纣王的象牙筷》一节中会提到，在筷子文化的传播中箕子绝对是个大咖。据传，周武王灭商纣王后，释放了被关押的箕子，箕子不忍，东走朝鲜，以中华文明教化当地百姓，筷子当然在中华文明之列。在商周时首粗足细圆锥形筷子的基础上，朝鲜人随机应变将筷子改成扁圆形，材质从木质、竹质变为金属，这样就可以更好地品尝他们喜爱的泡菜和烧烤。今天朝鲜半岛饮食礼仪中筷子只能用来夹菜，吃饭喝汤得用勺子，别忘了先秦时期中国筷子也仅仅用来取食汤中的菜。由此看来，朝鲜半岛至今还严格地遵从中国先秦时期的筷子习俗。

8世纪日本奈良时代，唐风灿烂，随着中日文化交流吹拂到日本，唐朝筷子迅速在日本流行开来。得到宝贝筷子后，日本人因地制宜，根据自己的饮食生活习惯对筷子进行了改造：把筷子改尖头的圆锥形，吃起生鱼片等生冷食物更方便；把筷子改短一些，反正分餐制不需要那么长的筷子，正好节约资源。有意思的是，唐朝那奇特的棒槌筷子也传到日本，这种名为"太箸"的棒槌筷子被用在某些庆祝活动上，据说一头由神灵使用、一头由人使用，筷子成了沟通人与神的桥梁。可见，日本人是真正的大唐"铁粉"！

同为"筷子文化圈"成员，今天东亚各国的筷子形状却各有差异。但无论筷子如何变化，追根溯源，其初始模型都源自中国筷子，可以说筷子是最早走出国门传播中华文明的文化载体之一。筷子虽无言，细脚走天下，筷子是中华文化最积极、最受欢迎的传播者之一。

"和合"起来
成一双

筷子明明是两根，为何偏偏要称"一双"？原来，"两根"合成"一双"渗透着奇妙的和合观"，那是中国人打量世界的方法之一。因此，"一双"才是地道中国人描述筷子的正确方式。

两个好朋友相约去中餐厅吃饭，他们黄皮肤、黑头发，亚洲人长相，还都说着一口流利的普通话。落座后，一人对服务生说："请给我两根筷子！"另一人说："请给我一双筷子！"请问谁是真正的中国人呢？

不用怀疑，说"一双筷子"那位肯定是地地道道的中国人。据说，这是海外中餐厅老板辨别谁是真正中国人的秘密。因为"一双"才是中国人描述筷子的正确方式。

筷子明明是两根，为何偏偏要称"一双"？原来，"两根"合成"一双"渗透着奇妙的"和合观"，那是中国人打量世界的方法之一。

"和"是和谐、祥和，"合"是合作、融合。"和合"

两字笑眯眯地组合在一起，透露出一种显而易见的和睦与喜庆。在中国人眼中，天地之间的人和人、人和物、物和物彼此相连、相亲相爱的状态最自然、最和谐。既然单根的筷子势单力薄，难以取食，那就让它们两两合一，以一双筷子的合力去挑战取食重任吧。

没有金属刀叉的寒光闪现，没有刺耳的切割声响，更没有食器与食物之间的暴力对抗，筷子的取食过程尽显温良柔和，让中国人的餐桌充满祥和之气。但是和谐不等同于平庸，精瘦的筷子"和合"后如虎添翼，变身为餐桌上的超级多面手，无论食物的形状是条、块、片，还是丝、丁、末，两根相对独立的筷子组合运动，夹、扒、拨、挑，谨慎的移动中带着恰如其分的温柔，不切割、不穿透、不毁坏，食物稳稳当当落入口中。

筷子圆又方，来去总成双；
三餐出勤去，五味她先尝。

童谣中的筷子总以成双成对的亲密形象出现，中国人通过筷子告诉世界：我们像竹木一样温柔平和，但联合起来能量超凡脱俗！

筷子里面
藏阴阳

筷子虽小，不能小瞧！因为小小筷子中蕴含着中国古老的哲学思想——阴阳。观察筷子的组合方式、筷子的形，以及使用筷子时的运动轨迹，可以发现奇数、偶数相谐，动静相宜等阴阳和谐的原则。

　　筷子虽小，不能小瞧！因为小小筷子中蕴含着中国古老的哲学思想——阴阳。这里说的"阴阳"，可不是江湖术士口中神秘兮兮的东西，而是中国最朴素的自然辩证法。

　　阴阳学说是我国周秦时代形成的一种哲学理论，古代中国人把这一理论当作万用理论来理解身处的大千世界：天与地，日与月，水与火，昼与夜，明与暗，寒与热，动与静，表与里，上与下，男与女，生与死，等等；从宏观到微观，从有形到无形，从看得见摸得着到看不见摸不着，从宇宙中的天体到大地上的事物，无一不在处于永不停息的运动中，无一不在发生着普遍的联系，万事万物相互之间的关联和矛盾——阴阳变化是世界发展的动力。

直白点说，阴阳贯穿时空、无处不在，看似千变万化、错综复杂的事物和现象，不过是阴阳矛盾的展开和体现，万物的产生消失自始至终是阴阳作用的结果。在物理学、化学、天文学没有出现，望远镜、显微镜、传感器等科学仪器没有被发明的时代，睿智的中国人以最质朴的阴阳观念去感知、洞察、解释世间万物。阴阳，其实就是古代中国人用来认识和解释自然的世界观和方法论。

筷子出现时，阴阳观念已经渗透进中国古代生活的方方面面，因此，筷子中蕴含阴阳观念是自然而然的。

阴阳观念蛰伏在筷子中，需要从几个层面去仔细分辨。

第一，筷子的数中藏着阴阳。古代中国人的阴阳观念真的是包罗万象。按照阴阳学说，数字中也有阴阳。一双筷子由两根组成，两根是偶数2，即为阴；一双是奇数1，即为阳。柔和的两根小棍彼此相吸组合成充满阳刚之气、功能强大的一双筷子。

第二，筷子的形中藏着阴阳。在《周易》中有一套独特的八卦系统，用阴阳不同的八个符号来表示事物的发展变化，其中符号"—"代表阳，符号"– –"代表阴。观察相对静止中筷子的形状，单支筷子是"—"阳，单独的两根是"– –"阴，成为一双筷子又变化成"—"阳。再看运动中的筷子，一双不动的筷子并在一起是"—"阳，使用中一动起来，筷子便分开成为"– –"阴；夹住食物后，筷子又变回"—"阳。筷子的形遵循神奇的阴阳法则，不断运动变化，循环往复、没有止境。

第三，筷子的运动中藏着阴阳。万事万物都在阴阳的推动下产生、发展、变化。留意我们使用筷子的动作，不管是左手还是右手拿筷子，使用筷子时两根筷子的位置总是相对一根上一根下，居于下面那根相对固定，居于上面那根活动，固定的筷子静止不动为阴，活动的筷子为阳，动静结合如日升月降阴阳相谐，相互配合才能夹住食物。如果不懂阴阳变化、动静结合，取食物的时候两根筷子同时乱动，你不妨一试看看是什么结果。

所以说，筷子是中国人顺应自然法则的发明，要按照阴阳和谐、动静结合的方法用起来才顺手！

筷子里的七情六欲

标准中国筷子的长度大约为二十五厘米，按照古代的度量衡计算是七寸六分，数字"七"和"六"中其实暗含玄机，它们分别指代人的七情六欲。古代中国人用筷子特殊的长度设定来提醒人们注意控制好自己的七情六欲。

　　从古至今，筷子的形状曾经发生过不少的变化，但是，最常见的筷子的长度却一直逃不开一个神秘数字。考察从春秋秦汉到隋唐明清，历朝历代，最流行的筷子长度都在二十五厘米左右。而这个神秘的二十五厘米，直到今天仍然是我们日常使用筷子的标准长度，不信，请回家拿尺子测量一下。

　　按照中国古代度量衡，七寸六分约等于现在的二十五厘米，分、寸都是中国古代的长度单位。看到这组数字，有人可能会产生疑问，中国人不是都喜欢像六、八、九那样的数字吗？为什么筷子长度不是六寸六、八寸八、九寸九，而是一个奇怪的七寸六分？

这里需要在七寸六分的"七"和"六"上打着重号，古人以这两个数字为筷子长度，可不是一时兴起、随心所欲选出来的，"七"和"六"中其实暗含玄机，它们分别指代人的七情六欲。

七情，一般指喜、怒、忧、思、悲、恐、惊七种人类情绪，七情是人的本能，要不为啥没人教大家也都会哭着来到世上。六欲，指耳、目、鼻、舌、身、意的生理需求或欲望，人耳要听、眼要观、鼻要闻、舌要尝，才能生存。

如果人不会管理自己的七情六欲那麻烦就大了，比如：高兴过头失眠随之而来；大动肝火会伤肝引起高血压；过度悲忧伤肺，可能会成为多愁善感弱不禁风的"林妹妹"；受到惊吓人们常说"吓死啦"，这完全有可能；吃得太多会引起胃部不适、肥胖；无时无刻刷手机，用眼过度易近视；戴耳机听音乐太大声会引起耳鸣……

人是万物之灵，七情六欲是人的本性，也是人区别于其他动物的特性，但是要控制绝非易事。古代没有闹铃、定时器、备忘录，怎么办？筷子啊，每天都要用到的筷子可以当作最好的提醒工具。把筷子的长度设定为七寸六分，代表人的七情六欲，只要一拿起筷子吃饭，就会想起做人的原则。

所以，筷子其实还是个隐藏的教具。

商纣王的
象牙筷

在贤良大臣眼中无异于奢侈品的象牙筷是足以亡国的象征，可惜昏庸的商纣王听不进谏言，最后落得个亡国的下场。不过，灭商者非筷子也，商朝的终极毁灭者实乃商纣王自己。

　　商纣王是商朝的最后一位统治者。传说年轻的商纣王天资聪颖、身强力壮，能徒手擒获猛兽，是一个能文能武的猛男子。继承王位后他勤于练兵，南征北战，扩大疆土；还致力于农业生产，以增强国家财力，总之是一门心思要把国家治理好。

　　可惜好景不长，攻城略地的胜利让商纣王逐渐专横跋扈起来，尤其到了晚年，他沉溺于酒色，荒淫昏庸，把朝政当儿戏一般对付。商纣王在一次讨伐途中将美若天仙、能歌善舞的苏妲己掳入宫中做了贵妃，从此对苏妲己是言听计从。在商纣王开始宠幸苏妲己之后，情况变得越来越糟。

　　当时，商纣王的叔父箕子在朝内任太师，辅佐朝政，他才能出众，性情耿直，是一位难得的好太师。有一次，箕子上朝，恰逢商纣王正与苏妲己用餐，两人用着做工精致的象牙筷子，美滋滋地吃着。箕子盯着那明晃晃的象牙筷心里直打鼓，脸也绷得越来越紧，终于他向前一步，神色凝重地进言："大王，现在用象牙筷，将来就一定要用昂贵的玉杯与之匹配；等有了象牙筷和玉杯，哪里还愿意吃粗茶淡饭，必定想把远方的稀世珍宝占为己有，王宫的奢华之风就会愈演愈烈。这样一来国家怎可得兴盛？"此番话让商纣王顿感扫兴，不耐烦地挥着象牙筷打发走一帮大臣，继续与苏妲己喝酒取乐。

后来，商纣王越发骄奢淫逸，他让人挖了个大坑，在里面灌满酒，在周边挂满熟肉，称作"酒池肉林"；还大兴土木，修建一座高台称为"鹿台"，用搜刮来的金银财宝把高台装饰得金碧辉煌，与苏妲己等后宫美女在高台上通宵达旦宴饮狂欢。

箕子无数次的进谏都被商纣王抛到九霄云外，面对日渐衰退的国家，无心朝政的大王，箕子是欲哭无泪，有人劝箕子干脆离开，箕子却说："当臣子的，大王不听进谏，就只管自己离开，那是把大王的恶行公诸天下，我实在是不忍心那样绝情！"万般无奈下，箕子只好假装发疯，没承想商纣王还是看他不顺眼，将他囚禁起来。

商纣王的荒淫暴虐造成众叛亲离，后来周武王举兵与商纣王开战，商纣王节节败退，最后逃到鹿台自焚而亡。

商朝灭亡之后，箕子曾路过商朝曾经的国都朝歌，只见从前的亭台楼阁毁坏殆尽，到处杂草丛生。箕子忍不住老泪纵横，不住地叹息："我就说嘛，象牙筷是亡国之兆，不能用啊！如今满目麦苗青青，那个不听进谏的大王你在哪里？"

张良"借箸代筹"

楚汉争霸中，刘邦的主力干将张良在智力比拼环节频出妙招，为后世留下许多教科书式的谋划案例。在"借箸代筹"中张良以谋划大师的形象留下千古美名。

如果秦汉之际搞一个最聪明的人物排行榜，张良必定居于榜首。回看波澜壮阔、风起云涌的秦汉历史大舞台，只要张良出场，就是在用智商碾轧众人。楚汉争霸中，作为汉王团队主力干将的张良在智力比拼环节从来没有失过手：劝心急的刘邦不忙入关，先兵不血刃轻取宛城，再设计虚张声势让峣关守将献关投降，抢先项羽一步进入关中；鸿门宴上与项羽、项庄斗智斗勇，巧妙地帮助刘邦脱离险境；刘邦称汉王后，张良与韩信联手，明修栈道，暗度陈仓，用假象打消项羽的戒备，然后突然从侧面进攻，出奇制胜一举平定三秦，夺取关中宝地。

张良为后世留下许多教科书式的谋划案例，"借箸代筹"仅为其一。

"借箸代筹"中的"箸"就是筷子，这借筷子进行谋划的案例发生在公元前204年的冬天，当时项羽的楚军将刘邦的汉军围困于荥阳，双方久战不决，汉军粮草不继、岌岌可危。这时人称"狂生"的郦食其为刘邦献计，让刘邦分封战国时期六国后代，六国君臣百姓就会因感恩而臣服，然后刘邦便能南向称霸，而楚人只得敛衽而朝。刘邦一听好主意啊，让郦食其赶紧准备各地分封去。

听闻此事，张良心急火燎赶去拜见刘邦。当时刘邦正在吃饭，情急之下张良对刘邦说："请允许我借用您的筷子来为大王您分析现在的形势。"说完从桌上拿起一把筷子。要知道当时王者使用的筷子是至上权威的象征，张良借用刘邦的筷子来分析演示国家大事，也是希望借筷子的权威增加说服力。张良数着筷子为刘邦一一分析分封之计为啥不可行：

其一，周武王封商纣的后代，是因为能完全控制他们，汉王现在是否能完全控制项羽？

其二，周武王灭商后，得了商纣王头颅，如今汉王能得到项羽人头吗？

其三，现在情势危急，是不是旌忠尊贤的好时机？

其四，周武王用敌国的积蓄发粮赈灾，现在汉王自己的军需都差一大截，哪里有实力再去做救济？

其五，军品改为民用，收起兵器，现在大战在即，怎可效法？

其六，放马南山是和平年代的事情，当前战事不休，怎么能偃武修文？

其七，分封六国后，谋臣将士都各归其主，谁还来为汉王效力？

其八，六国软弱会屈服于汉王，但楚军现在还很强大，怎会向汉王称臣？

张良以筷子作为辅助工具，精彩地示范了什么叫高级谋划。他从不同侧面指出分封六国的危害，条理分明、层次井然。他手把筷子，每说出一个理由就摆出一根，八个理由说完，八根筷子就像八个红叉摆在桌上，根根都是对分封的反驳。

刘邦瞪着桌上的八根筷子，恍然大悟，如果按照郦食其照搬所谓古圣先贤的办法，那就会大事不妙啊！于是听从张良建议收回成命，避免了一次重大的战略失误。

"运筹帷幄之中，决胜千里之外"，在"借箸代筹"中张良以谋划大师的形象留下千古美名，而筷子也趁此在历史舞台上精彩地露了一次脸。

"哐当"，
青梅煮酒时
筷子掉地上

"青梅煮酒论英雄"这个脍炙人口的故事中有一个重要的道具，那就是被刘备掉到地上的筷子。风雨雷电中筷子掉下，很好地掩盖了刘备的野心。

可是，曹操真的没有看出其中的端倪吗？筷子的掉落竟然把智斗故事带出悬疑的节奏。

《三国演义》中"青梅煮酒论英雄"的故事讲得活灵活现、精妙绝伦。

故事发生在东汉末年，主角是曹操和刘备。当时曹操虽为丞相，但挟天子以令诸侯，势力强大；刘备有个皇叔身份，在乱世群雄争霸中结交了关羽、张飞等几个有本事的好兄弟，当上了首领，但势单力薄，一直没有自己的地盘，无奈中只好投靠曹操。

寄人篱下的刘备一直惴惴不安，只因为心里揣了个大秘密，他投靠曹操前领了汉献帝的岳父董承的命令，要谋划一起诛杀曹操。担心泄露机密，刘备施展障眼法，不谈国家大事，成天在后院栽花种草，装出一副逍遥自在的样子，让人以为他再无心干大事。

自从刘备投靠过来，曹操这边的谋士没少建议趁机除掉刘备。曹操虽然没有采纳建议，却并未放松对刘备的警惕，于是找了个喝酒的借口，对刘备进行试探。

正在后院给菜浇水的刘备听闻曹操有请，心里七上八下来到曹府。刚一见面曹操就冷不丁对刘备说："你在家干大事啊！"刘备一听，心都提到嗓子眼上。曹操接着说："你学习园艺不容易啊！今天看树上青梅已熟，想起从前征战路上士兵口渴，我说前面梅林有许多梅子，可以解渴，让他们暂时忘记了口渴。现在正是赏梅好时节，就邀请你一起喝酒小聚。"刘备听完这番话，怦怦跳的心才平静下来。

一盘青梅、一瓶煮酒早就摆好，二人坐定，青梅佐酒，频频举杯。这里要特地说明一下，"青梅煮酒"不是用青梅去煮酒，也不是今天人们喝的青梅酒，"青梅"与"煮酒"是两种东西。酸酸的青梅是可以下酒的果品，有助饮、解酒、消食的功效，一般稍微蘸点盐吃。煮酒则是一种酒名，这种酒蒸制后用泥封住盛器酿成，酒呈红色，大致与黄酒相似。古人认为"青梅煮酒"是一种高洁雅致的饮酒方式，曹操用这种形式请刘备饮酒非常符合他的诗人气质。

觥筹交错、饮酒正酣，天边突然乌云漫天，暴雨即将到来。曹操起兴拉刘备凭栏观天，突然抛出一个问题：

"你说说当今世上谁是英雄？"刘备一愣，答："我是浅薄的人，觉得袁术、袁绍、刘表、孙策、刘璋等都是英雄。"刘备提一个人，曹操摇一下头，说："这些人何足挂齿，胸中有大志、肚里有计谋、能包藏宇宙之机、吞吐天地之志的人才堪称英雄。"刘备跟着问："那谁能当此英雄？"曹操用手指指刘备，又反过来指着自己："今天下英雄，只有你和我！"

话音未落，只听见"哐当"一声，刘备手里的筷子掉落在地。传说中刘备长相奇特：两耳垂肩，双手过膝，能看到自己的耳朵。也许是因为耳朵大，对炸雷声音更敏感，也许是被曹操说破英雄之言，一时之间大惊失色，刘备竟然慌神到连筷子都拿不稳。

眼看着要被掉地上的筷子出卖，巧的是，此时天空划过一道闪电，伴着轰隆隆的雷声，大雨倾盆而下。炸雷给了刘备短暂的镇定时间，刘备定定神赶紧解释："这雷太大，吓得我筷子都拿不稳。"曹操追问："大丈夫也怕雷？"刘备一本正经地回答："圣人听到刮风打雷一样会变脸色，何况我这样的平庸之辈？"刘备急中生智，顺势以怕雷为借口将心虚巧妙地遮盖过去，以高超的演技借一声巨雷掩饰了惊掉筷子的失态。总之，不能不说刘备这应变能力实在是高，及时化解了筷子掉地带来的险情。

仔细琢磨响雷惊掉筷子的桥段不无蹊跷，很奇怪以曹操出了名的敏感多疑，怎么会看不出刘备的真实心境，而是任由刘备一番圣人也怕雷的托词糊弄过去？曹操究竟是酒喝高了一时疏忽大意，还是揣着明白装糊涂，故意给自己留下一个棋逢对手的劲敌？无论如何，筷子是这三国悬疑剧中的重要道具。

巨毋霸的
铁筷子

王莽时期出了个奇人巨毋霸，他身高两米多，膀大腰圆，吃饭使铁筷子，被人推荐给王莽当上将领后，巨毋霸凭借异于常人的本领组建了一支"猛兽特战队"，专门驯化老虎、豹子、犀牛、大象等猛兽来打仗。但是一到真正的战场上，这支队伍却被打得稀里哗啦。

"巨毋霸"中"毋"与"无"相通，因此"巨毋霸"也写作"巨无霸"。

这里的"巨毋霸"不是那有双层牛肉、洋葱、青瓜、芝士、生菜的知名汉堡，而是古代一个奇人的名字。

猛一看这个名字充满了矛盾，"巨"已经是很大了，怎么还会谦虚地"毋霸"？实则"巨毋霸"应该断作"巨毋+霸"，"巨毋"是如"欧阳""司马"一样的复姓。

据《汉书》记载，巨毋霸的确是个特别的人，他主要活动在王莽新朝时期。话说本是西汉外戚的王莽代汉建立新朝，宣布推行新政，不幸的是他的改制并不成功，对外他兴师动众，向匈奴等周边少数民族"秀肌肉"，一会儿给人家降格改名，一会儿是强制移民搬迁，搞得边境时时剑拔弩张、战火不断；对内他大兴土木，加重赋税徭役，搞得物价飞涨、民不聊生，各地纷纷起义反抗。

匈奴犯边、义军四起，王莽焦头烂额，大臣们也得帮衬着出点主意，这不，太守韩博就来了，他报告说："臣下家里来了个奇人，他自称'巨毋霸'，山东蓬莱人，此人身高两米多，腰粗十围，自荐愿意为陛下抗击匈奴。但是这个人因为身材巨大，一般的轻便马车他坐不下，就算三匹马拉的车也拉不动他。我用车头挂着虎旗的四匹马拉的大型车，才把他带到京城来见陛下。巨毋霸睡觉用大鼓做枕头，吃饭用的是铁筷子，这是老天爷派来辅佐新朝的人啊！恳请陛下用高大的车、猛士的铠甲，派一员大将和由一百勇士组成的队伍去迎接他。京城里有些地方门户太狭小，他会无法通过，请陛下下令把门加高改阔。敌人知道我们有此人后定会害怕，如此一来即可镇安天下！"

按照韩博的介绍，这巨毋霸是个高大粗壮的巨人，睡觉枕鼓，吃饭用铁筷子。汉代时筷子已经成为最普遍的食器，竹木筷子比较流行，高门大户也有用铜筷子的，但铁筷子是比较少见。推理下这巨毋霸所用筷子应该跟平常人用的有很大差别，材质是特殊的铁，很重，外形更长、更粗。这样的筷子一般人莫说用来吃饭，估计能否拿得动都是问号。

要说王莽呢，思维方式就是与众不同。听韩博说有这么一个人就能镇安天下，就认为韩博在讽刺自己，当即下令将韩博下狱处死。这韩博可真是一个不折不扣的倒霉蛋，上书举荐却生生丢掉了性命。让人不可捉摸的是脑回路清奇的王莽，虽然杀掉了韩博，却留下了巨毋霸，还转头让他当上了将领。

当上将领后，使铁筷子吃饭的巨毋霸真如韩博所言，凭借异于常人的本领，以一己之力组建了一支"猛兽特战队"，专门驯化老虎、豹子、犀牛、大象等猛兽来打仗。

转眼昆阳之战打响。战前北方的赤眉、南方的绿林两支起义军势力逐渐壮大，一路攻打到宛城之下。王莽一看要坏事啊，赶紧召集了百万大军前去解救宛城。原本是奔着宛城去的王莽军队路过昆阳时，指挥官一看这昆阳城中守军少，凭新军人多势众外搭巨毋霸率领的"猛兽特战队"正好可以欺负一下昆阳守军，于是决定先攻下昆阳再去救宛城。

驻守昆阳的起义军只有区区几千人，面对黑压压的王莽部队，守军中有人首先就泄了气，想打退堂鼓。但是时势造英雄，时任偏将、后来登基做了汉光武帝的刘秀带着十几名勇士在夜幕掩护下突出重围，搬来几千援军。神勇无比的刘秀一马当先，趁王莽军队尚未察觉，带领几千名援军以迅雷不及掩耳之势杀向敌营。昆阳城中的守军眼见援军到了，立马打开城门对王莽军来了个里外夹击。激战中，突然一阵狂风暴雨，天空电闪雷鸣，巨毋霸的"猛兽特战队"刚亮了个相，凶猛的老虎、豹子们还没来得及布阵就被震天的厮杀呐喊、滚滚响雷吓得四散，完全顾不上它们的巨毋霸司令。这一仗下来，王莽号称的百万大军土崩瓦解。

谁又能料到临时变卦的一次军事行动竟然打掉了王莽政权的气数，直接导致了一个王朝的颠覆；而十几个先锋的突围会打出一次以少胜多、载入史册的昆阳之战。自此一战之后，曾经的巨人巨毋霸再未现身，他那双铁筷子也在战火硝烟中消失得无踪无迹。

葛玄惊掉筷子的戏法

作为食器的筷子也会在仙道传说中时不时亮个相。三国时期吴国人、因勤修苦练得道成仙的葛玄，被人称为"太极葛仙翁"，他的法术就相当高妙：分身法、变火炉、变瓜果、指挥小动物跳舞……分分钟让他的客人们惊得筷子往下掉。

筷子作为常见食器也现身于神仙故事中，葛玄作法惊掉众人筷子的故事就非常精彩。

相传葛玄是三国时期吴国人，因勤修苦练得道成仙，人称"太极葛仙翁"。

有一次他宴请宾客，担心照顾客人不周，他就使用分身术，一个葛玄在家里优哉游哉陪先到的客人聊天，另一个葛玄穿戴整齐出门去迎接客人。

当时是大冬天，天寒地冻，屋里也很冷。葛玄见大家都冷得缩手缩脚，就说："抱歉让大家受冻了，我很穷，不能给大家烧炭烤火。但请允许我作法为大家取暖。"于是，葛玄张口吐了一口气，红红的火苗从他口中缓缓地喷出，不一会儿屋里的温度升上来，大家感觉像是置身于暖洋洋的春日中，舒服极了。

取暖问题解决了，就该进入宴会主题品尝美食了。筵席虽然不奢华，但是很惊艳，因为桌上摆着刚刚采摘的新鲜瓜果，瓜蒂果梗上还带着晶莹的水珠，那可是夏天才能收获的。

葛玄一边招呼大家品尝反季节的瓜果，一边殷勤地劝大家喝酒。只见葛玄稳稳地坐在自己的位置上，招呼到谁，斟满酒的酒杯仿佛自己长脚，会自动走到谁的面前，请那位客人喝酒。如果客人喝不完杯中酒，酒杯就不会离开。

为了给大家助兴，葛玄还招来燕子、麻雀、鱼、虫等跳集体舞。只见葛玄拍手打着节拍，鸟、鱼、虫们都乖乖地跟着节奏一会儿快、一会儿慢地舞蹈，它们摇头晃脑、旋转跳跃，动作整齐划一，就像受过很久的训练一样。

众人正在惊叹于鸟、鱼、虫们的舞姿，葛玄却在一边漫不经心地嚼起饭来，嚼着嚼着，口中的饭粒变成大蜜蜂，三三两两扑闪着翅膀从他口中陆续飞出。飞出的蜜蜂越来越多，蜂群在屋里聚成一大团，嘤嘤嗡嗡地在众人的头顶盘旋。有几个胆小的客人原本拿着筷子在吃东西，冷不丁大蜜蜂飞到跟前，情急之下竟然吓得筷子噼啪掉地上。

葛玄见状笑了笑，不紧不慢地吸一口气，蜂群得了指令，瞬间飞回葛玄口中变回了饭粒。见众人仍沉浸在惊讶中，葛玄赶紧安慰，招呼客人们拾起筷子继续享用美食。

筷子一敲
仙乐飘

在常人眼中筷子就是筷子，没有什么稀奇，但是在音乐奇才万宝常的眼中，筷子就是一种乐器。哪怕是在饭桌上，万宝常用筷子一划拉，瞬间金石丝竹仙乐阵阵，动听的旋律一泻而出。

生逢乱世被上天选中能在音乐上有一番大作为的人，注定是不平凡的！纷乱的南北朝，政权更迭如翻书，战火绵延兵燹恶，这个混乱时代，出大英雄，也出如万宝常这样的音乐奇才。

万宝常出生在南北朝时期的梁国，陈国灭掉梁国后，其父亲万大通带着年幼的万宝常随梁朝著名将领王琳投奔北齐。可惜后来王琳在抵抗陈国的战斗中战败而亡，此后心系故土的万大通一心想脱离北齐返回江南，不料消息走漏，惹得北齐皇帝大怒，万大通惨遭诛杀。

那时，万宝常还不到十岁，可怜的娃受"父罪"牵连，被强制纳入乐籍当乐户，成了一名乐音童工。

乐籍制度肇始于北魏，罪犯、战俘的妻子后代被强制纳入从事音乐等艺术工作的专业户籍，以此作为惩罚。乐籍由官方统一管理，乐户从小就必须经受严苛的音乐训练，学习传统的音乐技艺，为祭祀、庆典、娱乐等活动提供专业的音乐服务。虽然是艺术工作者，但是乐户的社会地位相当低，属于比平民还低的"贱民"阶层，而且贱民身份世代相承，未经特许，永世不得赦免。从北齐、北周到隋，命运多舛的万宝常并未因改朝换代而脱离乐籍。

不幸中的万幸，万宝常的音乐天赋被善弹琵琶的北齐大臣祖珽看中，祖珽收万宝常为弟子，悉心传授祖传的音乐技艺。经过多年的刻苦学习，万宝常终于学有所成，成年后被派往北齐的最高音乐机构太常寺工作。在太常寺期间，万宝常潜心音乐，谙熟音律、精通制曲、擅长演奏各种乐器，他参加编制旧曲，动手用玉石制作音质清脆的乐器献给齐王，这种大胆新颖的音乐尝试让齐王与大臣们大赞神奇。勤奋再加上天赋，让万宝常终于在一帮乐户中脱颖而出。

斗转星移、政权更迭，流水的朝廷，铁打的乐户，对痴迷于音乐的万宝常来说，世事纷纷扰扰，拥有音乐就好。皇帝换了一茬又一茬，转眼隋文帝杨坚登基，万宝常还是一如既往坚守在乐工的位置上。

隋朝开国之初，因战乱绵延、礼崩乐坏，从前的御用正统音乐体系遭到严重破坏。隋文帝开国之初，为整理朝纲、加强统治，他召集一批精通音乐的官员进行"乐议"，针对复兴雅乐展开大讨论，以重建礼乐制度。"乐议"刚开始，万宝常作为乐户也被选中参与修乐工作，只是因身份低贱人微言轻，他的言论根本得不到重视。后来负责修正乐律的官员郑译用"黄钟调"制曲演奏给隋文帝听，一曲终了，隋文帝征求大家意见，其他人都畏惧高官权威不敢出声，万宝常却率先放胆直言："这旋律中满是哀愁与怨恨，乃是靡靡之音，绝非雅乐，不是应该献给陛下您听的音乐啊！"隋文帝觉得万宝常的发言很有见地，当即下令采纳万宝常的建议，重新定律制曲。

行家一出手，就知有没有。万宝常果然出手不凡，在很短时间内他就写成了多达六十四卷的《乐谱》，他凭借自己极高的音乐天赋，在细研传统音律的基础上，借鉴西域胡人音乐，创造性地提出对古代音乐产生重大影响的"八十四调"说，即一个音律分七个音阶，每个音阶上建一个调，七个音阶就是七个调，按照"十二音律"叠加可得八十四个调。

万宝常不但在音律理论上有所建树，还在乐器制作上进行创新，从孔笛、簧笙到琵琶，经过他手改制的乐器数不胜数。可以毫不夸张地说，万宝常凭一己之力从理论到实践将隋朝音乐提升到一个崭新的高度。万宝常的努力对后世，尤其是唐代音乐产生了极大的影响。

在音乐上万宝常是个全才，才华横溢的他制曲得心应手到能信手成曲，曲子流畅自然如行云流水，让人惊叹不已。

他出色的辨音能力、敏锐的音乐感受力也是非同寻常。曾经他在后宫听到有人演奏一支曲子，几段旋律后万宝常就潸然泪下，说："这曲调太忧郁、太悲伤，预示不久战乱将至，人们会相互厮杀陷入痛苦！"当时正值隋朝盛世，大家都以为他是痴人说梦，没想到很快到大业末年，果真战乱来袭，有人想起万宝常当年的话唏嘘不已。

　　对于像万宝常这样的造诣深厚的音乐家，世界就是个大舞台，身边的一切都能成为乐器。有一次他与友人相聚，大家都是同道中人，因此宴席上的主要议题总是围绕着音乐进行，谈兴正浓时，发现身边没有合适的乐器进行演示。众人正在叹息遗憾，万宝常却不慌不忙用手拿起了筷子，只见他身子微微前倾、双唇紧闭、目光如炬，突然之间右手的筷子凌空划向一个茶盅，左手的筷子几乎在同一时间敲向一个大盆，霎时两根筷子以让人眼花缭乱的节奏不停挥舞，在杯盘碗碟间搅动起一串又一串音符。一瞬间，各种餐具杂物仿佛被万宝常手中的筷子点化，纷纷变身成各种精致的乐器，动听的旋律从筷子与杯盘碗碟之间一泻而出，完美地演绎出金石丝竹之音。

名相宋璟
得到的赏赐

唐代著名的贤臣宋璟不怕得罪皇帝身边的宠臣，敢于向任人唯亲的恶习宣战，干工作勤勤恳恳，对百姓关心爱护。唐玄宗对宋璟十分器重，给宋璟发了一个专属奖励——金筷子，表扬他如筷子一般的正直无私、刚正不阿。

　　说起唐朝的兴盛，最让人津津乐道的是富足强盛、四方宾服、万邦来朝的"开元盛世"。但，纵使唐玄宗英明神武，仅仅凭一人之力也无法完成"开元盛世"这么宏大的事业。所谓国无贤臣、圣亦难理，唐玄宗任用贤臣姚崇、宋璟、卢怀慎、苏颋、韩休、张九龄等，上下齐心协力，才把唐朝推进到社会安定、经济繁荣的全盛时期，当时大唐经济、文化、军事等不同指标都齐刷刷居于世界领先水平。在这帮得力大臣中，姚崇、宋璟相继为相，"开元之治"二人出力最多，被尊称为"姚宋"。今天我们就要来说一件名相宋璟与筷子之间的故事。

　　打小勤奋好学的宋璟，十七岁进士及第踏上仕途，经武后、中宗、睿宗、殇帝、玄宗五朝，一干就是五十多年，勤勤恳恳、兢兢业业、几番沉浮，从小官一路做到尚书右丞相。

宋璟倔强正直的名相声誉并非一日之功：武则天在位时，他多次上书要求法办诬陷忠臣的内宠张易之。武则天不得已下令法办张易之，但她于心不忍，没几天又把张易之放了。后来武则天要张易之给宋璟登门道歉，宋璟却避而不见，完全不给女皇帝面子。

李唐复兴后，中宗登基，宋璟一如既往地耿直，得罪了当权的武三思，被排挤出京城外调任职。

到睿宗继位，宋璟被召回京城重新任用，这是他首度任相。一身正气的宋璟一上任，就大刀阔斧地向任人唯亲的恶习宣战，提出唯才是用的准则，这一下就罢免了数千昏庸官员。紧接着他又把飞扬跋扈、干预朝政的太平公主请出京城去了洛阳。这一下被他得罪的人群起而攻之，他被中伤罢相，再次被贬出京城。

都说是金子到哪里都会发光，被贬出京城后，宋璟并未心灰意冷、意志消沉，无论在何地任职，他都是尽心尽力为百姓办事。在广州任职期间，宋璟见当地人的毛竹房屋经常引起火灾，就教人们烧砖盖房，改善居住条件，造福了一方百姓。人们亲切地送了他一个外号——"有脚阳春"，意思是他爱民恤物，像长脚的春光，走到哪里就为哪里带去温暖。

唐玄宗当然对宋璟的政绩有所耳闻，这么能干、好口碑的官员，赶紧调回京城吧，于是宋璟再次奉命调返京城，并在姚崇的举荐下，再度为相。

　　再度为相的宋璟上任后又做了几件大事：再度提出任人唯才的原则；设立谏官制度，百官奏事时，必须有谏官在一旁监督，防止小人进谗言；禁止外地官员进京汇报工作时四处送礼跑官，杜绝京城权贵收礼受贿。刚掌皇权的唐玄宗对宋璟十分器重，对宋璟的建议，他都是一个字——"准"！如此一来，朝廷中奸佞小人没了市场，开元初期政治清明，一派欣欣向荣。

　　此时的唐玄宗强势精明，慧眼识贤相，他对宋璟是信任加敬重，朝中大臣对宋璟也是大大的服气。有一天，唐玄宗大宴群臣，桌上水陆毕陈，君臣尝美食、品御酒，其乐融融。突然，唐玄宗示意大家安静，随即命人拿出自己所用的筷子，送到宋璟跟前，说是皇上的奖赏。宋璟看着耀眼的金筷子一下子怔住了，完全搞不懂唐玄宗给自己发这个贵重的"专属红包"是何用意，一时间窘迫地呆立原地，一帮大臣也是面面相觑，不知唐玄宗葫芦里面装的啥药。

　　宋璟为何不敢爽快地接过唐玄宗奖赏的金筷子呢，这还得从唐代的宫廷饮膳管理制度说起。唐代明确规定了食器的使用等级，一品以下官员不能用金玉做食器，六品以下不能用银做食器。金玉材质的食器是帝王家专享，是为了从日常生活中彰显帝王至高无上的权威。唐玄宗接手皇位开始，在宋璟等一帮贤能大臣的辅佐下，国力日渐强盛，皇家的生活规格也更加奢华，他带头用起了金筷子。金筷子是身份、地位、等级的象征，是皇权的代名词，突然被唐玄宗奖赏金筷子，宋璟的第一反应肯定是不敢接。

唐玄宗见状笑盈盈地对宋璟说："我奖赏你的不是金子，而是筷子，是要用此来褒扬你如长直筷子一般的正直无私、刚正不阿，也希望群臣以你为榜样！"宋璟闻言恍然大悟，赶紧毕恭毕敬拜谢皇帝的奖赏，接过金光闪闪的金筷子。

唐宣宗的女儿也愁嫁

"皇帝的女儿也愁嫁"这样的事情在唐朝是真实发生过的，唐宣宗就曾为自己十几个女儿的婚事操碎了心，这其中永福公主更是让他伤透了脑筋。暴脾气的永福公主当着父皇的面也敢折断筷子，白白断送了自己的一段好姻缘。

唐宣宗李忱，三十多岁登基称帝后勤勤恳恳、励精图治，他任用贤能，整顿吏治，体恤民情，收复边疆失地，使百姓安定，让"安史之乱"后风雨飘摇的大唐帝国渐有起色。因此，唐宣宗成为唐代中晚期一位比较有作为的君主，他也因努力效仿唐太宗而被称为"小太宗"。

这里要说的不是唐宣宗的治国才能、为政举措，而是他的家事，即儿女婚事。话说唐宣宗子女众多，有十二个儿子、十一个公主。按说皇帝的女儿不愁嫁，可这十几个公主的婚事，那真是让唐宣宗操碎了一颗帝王心。

皇帝是封建王朝的最高统治者，作为皇帝的女儿，公主的特殊身份让她们一出生就享有很大的特权，如果有谁迎娶了公主，走上与帝王家联姻的捷径跻身最高统治阶层，那等于一步登天。但是，大唐好些家世优越、才学出众的单身文艺青年却一反常态，偏偏对成为驸马爷敬而远之。于是，皇帝的女儿也愁嫁，成为大唐帝国一奇事。

唐初，虽然传统豪族在征战中遭受重创，但是其家世身份和社会地位仍然成为择偶中最耀眼的条件，有实力的家长为让女儿嫁给传统豪族家公子甚至不惜多付嫁妆，以抬高整个家庭的身份地位。而在这场择偶混战中，刚刚夺得最高统治权的李唐皇室因为有鲜卑族血统，并不受传统豪族青睐。几个大的传统豪族宁愿在少数高门大姓中搞封闭的联姻，也不愿接纳血统不纯正的李唐皇室家的公主，做皇帝的亲家。

另外，唐代妇女地位相对提高，挣脱了不少封建礼教的束缚。有部分在各种宠溺环境中长大的公主更是将随性开放发挥到极致，难免放荡不羁、骄悍无礼，让那些固守封建礼法的传统豪族男人无法接受。

放开所谓的血统不正不说，患"公主癌"的公主往往脾气大，瞧不起夫家；生活放荡，不愿意受婚姻约束……再加上如果公主去世，做驸马的要服三年的重孝。种种原因，让大唐男子对于攀龙附凤与公主联姻提不起兴趣，甚至有男子感叹：娶个公主回家，这事情太可怕！在这些婚恋观的影响下，公主愁嫁就不是怪事了。

等到唐宣宗的女儿们逐渐到了婚配年龄，作为父亲，他也希望自己的女儿们都有好的归宿。唐宣宗自己酷爱读书，为女儿择偶的时候，很看好士族子弟中有成就的读书人。在为自己心爱的大女儿万寿公主选驸马的时候，唐宣宗差不多仗着自己皇帝的威仪上演了一出皇家拉郎配。

被唐宣宗看上的这位年轻人叫郑颢，出生于名门望族，是宰相的孙子。不像一些不成器的纨绔子弟，郑颢自幼勤奋好学、饱读诗书，年纪轻轻就在科举考试中拔得头筹、高中状元。老天爷仿佛对郑颢特别厚爱，不单给予他出众的学识，还让他长得相貌英俊、仪表不凡。于是，面如冠玉、风度翩翩的状元郎成为大唐帝国无数名门闺秀的偶像。当然，郑颢的美名，也让养在皇家深宫的万寿公主心里泛起了涟漪。

唐宣宗听闻后，一看，这么优秀的状元郎，必须到皇家来啊！立马招来宰相去督办，要让家世显赫、才貌双全的郑颢做万寿公主的驸马。

按说中状元、做驸马是大喜事，可郑颢闻讯后却高兴不起来。原来，他与另一大户卢氏家的闺女早早就定下了婚约，他也对自己的未婚妻一往情深。知道被公主看中后，估计大事不好，郑颢赶紧星夜兼程往家赶，准备提前结婚，以断了公主的念想。没想到，有圣旨压身的宰相跑得比郑颢快，在半道上堵住了准备迎亲的郑颢。在宰相的威逼利诱下，郑颢不得已退了婚，垂头丧气回到长安，遵照皇帝的旨意迎娶了万寿公主，勉勉强强当上了驸马。

过了些日子，其他几位公主长到了谈婚论嫁的年龄，排队等着招驸马。唐宣宗依然沿用先前的择婿条件——看好读书人，他又给宰相布置了一个任务，要在进士中给二女儿永福公主选个驸马。

此时，有人推荐了进士及第后刚走上校书郎工作岗位的王徽。原本就淡泊名利的王徽得此消息后整个人都不好了，他忧心忡忡地跑去跟宰相说明自己的情况："我都年过四十了，身体还不好，经常生病，万万不敢高攀公主啊！"宰相见他言辞恳切、情况属实，就禀报皇帝将王徽从驸马候选人名单中撤下。

高不成低不就，永福公主的婚事被搁置起来，作为长公主夫婿的郑颢也是看在眼里、急在心里，随时打量身边的各色适婚男青年，帮助物色符合皇室要求的妹夫。直到两年后，也是机缘巧合，郑颢遇到了于琮。于琮年纪轻轻就通过世袭走上了仕途，但是一直怀才不遇。郑颢慧眼识人，对于琮非常赏识，还劝说于琮去应征驸马。满腹经纶的于琮是聪明人，一经点拨立马上道，满口应承下来。这时出现一个问题，即当时的于琮还不是进士，与唐宣宗的征婿条件不匹配。但这个问题难不倒资深驸马郑颢，他随即安排于琮参加当年科举考试，又托请主考官把于琮录取为进士。进士及第后，唐宣宗对于琮是十二万分的满意，一边提拔于琮，一边紧锣密鼓安排永福公主的婚事。

都说好事多磨，但谁都没想到永福公主的一场好姻缘生生被她自己磨成灰随了风去。有一天，眼看婚期在即，唐宣宗心疼女儿，把即将出嫁的永福公主召进宫中一同用膳。席间，唐宣宗又碎碎念各种为妇为母之道，想起前朝那些伤风败俗的公主，话语竟然越来越强硬。从小被宠坏的永福公主是个暴脾气，听不得父皇的念叨，不由分说要起小性子，呼啦一下站起身，双手举起一根筷子，昂着脖子、鼓着腮帮子、瞪着眼珠子，两手用力，只听见"咔嚓"一声，筷子应声断成两截。

席前掉落着两截折断的筷子，永福公主满脸涨红，怒气依然未消。一瞬间唐宣宗愣住了，他简直不敢相信自己的眼睛：公主与长辈父皇一起进餐，暴怒狂躁，不顾及礼节，不尊老敬老，已是大不敬；筷子蕴阴阳五行，含天地至尊，寓做人规矩，不珍惜餐具食器，以怒气加持肆意掰断，成何体统！如此这般，哪里有一点点能做士大夫读书人妻子的样子！

唐宣宗当即做出决定：罢罢罢，永福公主婚事取消，换温柔贤淑的四女儿广德公主下嫁于琮。

真可谓冲动是魔鬼，被永福公主盛怒下折断的两截筷子就像一个大叉，打在了她的婚姻大事上，对她的未来幸福做出了毁灭性的否定。

一出选相荒诞剧

五代十国时期，后唐末代皇帝李从珂登上皇位后为加强国家的管理，想尽快组建自己的权力班子。可惜，他有勇无谋，演了一出筷子抓阄选相的闹剧。

一个王国踏步走向灭亡时总会不可避免上演一些荒诞剧，五代十国时期后唐末代皇帝、人称"后唐废帝"的李从珂用筷子选相算是其一。

筷子选相的始作俑者李从珂说起来真是一个苦命人，他出身卑微，本姓王，父亲早亡，与母亲相依为命。李从珂幼年时，当时还是骑将的后唐明宗李嗣源偶遇其母，惊为天人，于是掠其为妻子，顺便把孩子也一起带走收为养子，重新给取了个名字：李从珂。

多年后，李从珂长成一个高大威猛、英勇善战的青年，常年随养父李嗣源南征北战，立下赫赫战功，深得李嗣源的喜爱。李嗣源夺得帝位后，后唐得几年小康，不幸因次子李从荣意图武力篡位而受惊驾崩。

闵帝李从厚即位后，对深受先帝喜爱、武功显赫的兄弟李从珂有一万个不放心，直接拿李从珂家人开刀：先是解除李从珂儿子的禁军大权，调离京师；再是召李从珂已经出家为尼的女儿进宫。在新主的严重猜忌中，成天惶惶不安的李从珂终于下定决心，举兵反叛。

打仗是李从珂的强项，硝烟散尽，他登上了自己用武力夺来的帝位。掌权之初，朝中相位空缺，急于搭建班子的李从珂心急火燎，等不及层层推荐选拔，他决定亲力亲为，为新建的王朝赶紧补齐急需人才。出发点很好，可是走着走着路子就偏了。情急之中，李从珂对身边大臣说："朝中有名望、能当此大任的人不多，我看也就姚顗、卢文纪和崔居俭三人比较合适。"但是伤脑筋的是，三人的文采德行是不相上下，选谁不选谁一时之间让人拿不定主意，这人力资源的工作可真是难坏了擅于舞刀弄枪的李从珂。

搜肠刮肚半天，选择困难症患者李从珂终于想到一个筷子选相的"好主意"。于是，李从珂命人把给他留下好印象的三个大臣的名字写在纸上，投进琉璃瓶中。待夜深月圆之时，李从珂沐浴更衣、焚香、虔诚地对空祈祷，望上天帮忙选出贤能大臣。焚香祈祷完毕，请出一双新筷子，李从珂亲自执筷子，小心翼翼从琉璃瓶中夹出一张纸，卢文纪的名字赫然在上。李从珂未登帝位前见过卢文纪，此人待人接物热情周到、彬彬有礼，筷子夹出来的结果让李从珂很是满意。

如此纠结的事情，一双筷子轻松搞定，李从珂望望手中写着卢文纪名字的纸条，又望望放在一旁的筷子，长长地吁了一口气，当即授予卢文纪相位。

后来发生的事情证明，李从珂这口气松得太早，筷子在这次重要岗位的人才选拔中的确是走了眼。面对一个刚刚建立政权、内忧外患叠加的局面，被筷子选中的宰相卢文纪走马上任后，拿不出治国安邦的有效措施，却把精力花费在处理小官员的升迁任免、解决朋党之间的小摩擦、抓自己不喜欢人的小过失等芝麻事上。

过了一阵子，一个叫史在德的官员实在看不下去了，义愤填膺地上奏说："朝中不论文官还是武将，都应该选拔、任用有能力的人。请陛下重新审核、考察任现职的军官和朝廷士大夫，不论名位高低，有才干的继续任用，平庸无能之辈则一律罢免！"这一番言辞对各级庸官、懒官、蠢官、贪官的抨击辛辣而尖锐。作为宰相的卢文纪听后不是欣然采纳，而是火冒三丈地对号入座，认为史在德在非议自己。这卢文纪还真是没忘记自己是筷子帮忙选出来的，而不是凭借出众的才能坐上的相位，他当即找人写成答复公文。可巧，写答复公文的人也是草包一个，写出来的文章词不达意、错误百出，被众大臣嘲笑了好一阵子。

过了一年多，契丹人进犯，朝中大臣均不给力，年过半百的李从珂不得已只好领兵亲征，卢文纪是随从。作为皇帝，一把年纪还得亲自面对劲敌，李从珂想起来就窝火，不由得对自己的宰相发了一通怨气："我听说让君主担忧是做臣子的耻辱，我即位后首先就任用你做宰相，人们都说一个贤能的宰相能保持国家的长治久安。现在倒好，逼得我要亲自出征对敌作战。你作为宰相是否心安？"卢文纪听后一脸羞愧，赶忙诚惶诚恐道歉。

道歉完，在军事会议上，卢文纪又使出实力坑主的本事，他献计说："不用太担心敌人的骑兵，他们到处游走，只要看见无利可图就会自动离开。我军占据了有利地势，应该坚守大营不出，只等救兵的到来。如果救兵不能解围，再行出战也不迟。"后来发生的事情证明，卢文纪的馊主意直接把后唐王朝推进了灭亡的深坑。

锐气丧失殆尽、糊里糊涂的李从珂听从了卢文纪的建议在大营中坐等，等来的不是敌人的自动离开，而是彻底的失败。一代帝王，曾经威风凛凛、骁勇善战的李从珂无奈自焚。不知道李从珂在熊熊大火中是否会想起用筷子选相的那个月夜，想起自己虔诚的祈祷，以及筷子夹住纸条时候手上的一激灵。

用"回鱼箸"大声说爱

北宋时东京等地流行一种特殊的婚俗，当男方对婚事表示满意后要送给女方"回鱼箸"作为回礼。筷子是"回鱼箸"中的主角，看似普通的筷子担当起婚恋形象大使并不奇怪，因为其自带吉祥物的文化基因。

北宋都城的春天，汴河两岸枝头新绿、百花斗艳，城内的街巷坊市花光满路，店铺酒楼满溢芬芳。天刚蒙蒙亮，路上已经人影憧憧，随处可见的酒楼、茶馆、肉铺中伙计们正在紧张地准备开店迎客；城中心的虹桥上炊饼摊、糕点摊已开始营业；卖花姑娘走走停停，早早地开始提篮叫卖。此时，沿河一户人家的大门"吱呀"一声打开，渔夫将担子挑进院子，一家人立马喜滋滋地围上来，开始在鱼篓里面挑选。原来是挑选活鱼作为给未来女婿家的回礼，为自家待嫁姑娘忙碌呢。

在此之前，已到适婚年龄的小伙子、大姑娘经过媒人的说合开始商议婚事，两家互换了写有双方姓名、生辰八字、祖宗三代名号、家庭经济状况等内容的帖子。匹配后，两家发现这小伙子、大姑娘是门当户对、天造地设的一对。小伙子家人很开心，选了个吉祥的好日子送来了"许口酒"。"许口酒"又叫"许亲酒"，表示男方很满意这门亲事，送上代表应允婚事的礼物，希望得到女方肯定的答复。

插花挂红的"许口酒"很丰厚，酒瓶上装饰着八朵娇艳的大花，一起送来的还有几匹漂亮绸缎和八枚时髦的金银头饰。姑娘父母明白男方送来这贵重的"许口酒"意味着对自己宝贝闺女的看重，当然给男方的回礼也必须悉心准备。

按照北宋时期东京（今开封）等地流行的婚俗，女方要送男方"回鱼箸"作为回礼。当时的"回鱼箸"就是把三五条鲜活小鱼装在水瓶中，外加一双精美的筷子，作为郑重同意婚事的表示。北宋婚俗中用"鱼"作为回礼，意在取鱼的超强生殖能力，寓意新人婚后相亲相爱，如鱼得水、多子多福。而筷子的加入成为"鱼与筷子"组合，还另有原委。

北宋时期，经过中华文化数千载的演化，人们的文化活动异彩纷呈，审美趣味自由开放，社会的前进不断刷新人们的婚恋观，婚恋习俗也随之升级更新。在婚恋上显得更潇洒奔放的北宋人朝前代婚恋中的重度拜金主义、低龄早婚、迷信媒妁之言等陋习抛了个鄙视的眼神，转头就去追求自己越发趋于纯粹的恋爱婚姻。在这股清奇婚恋之风的吹拂下，部分北宋官员在为自己的姑娘挑选女婿时不再只注重金钱，才干也成为择婿的重要条件。故旧婚俗中的繁文缛节也被摒弃，尤其是普通百姓对旧婚俗中的复杂程序、烦琐礼节很不以为然，纷纷实践起如何开心轻松地筹办婚事，懂得享受婚事中务实的吉祥与喜庆。在这样的时代背景下，生活中最为常见的活鱼与筷子成为北宋人眼中非同一般的婚恋礼物，"回鱼箸"其实代表了对爱情婚姻美好、诚挚的祝福。至此，筷子与婚恋相关的特质被浪漫而务实的北宋人挖掘出来，筷子开始成为中国人独特的婚恋形象大使。

筷子漂亮地一转身成为被热捧的婚恋礼物，看似普通的筷子担当起婚恋形象大使并不奇怪，因为其自带吉祥物的文化基因：

其一，筷子外形方首圆足，寓意天圆地方、地久天长，祝福人们相亲相爱长长久久、白头到老。

其二，筷子总是成双成对出现，一男一女的结合，就仿佛组成一双有缘分的筷子，美好的婚姻需要两人同心协力品尝生活的酸甜苦辣，共同建设。一双筷子是对有情人终成眷属的真挚祝福，寓意甘苦共尝，永远在一起、相爱不分离。

其三，婚姻中的重头戏是生子繁衍后代，因此，婚俗中的礼物大多与生育相关。筷子的"筷"与"快"同音，用筷子做婚恋礼物，意为祝福新人像筷子合二为一，婚姻生活和和美美，早生贵子。

筷子与婚恋之间有那么多、那么好的关联，受到大家的长期青睐就是必然。"回鱼箸"婚俗从北宋起头一路

流行，到南宋时平民百姓家庭嫁女儿仍然高高兴兴采用活鱼、竹筷作为吉祥礼物。但是到富豪家庭情况发生了变化，若有千金小姐出嫁，有经济实力的爹娘会不惜用黄金打造鱼和筷子，在显示对自己姑娘看重的同时，顺便炫耀一下娘家的风光阔气。

作为独特的婚恋使者，从北宋开始，在众多的婚恋吉祥物当中，筷子一直保持着超高的曝光率。到清代，皇帝、皇后大婚典礼上，筷子的漂亮身影依然活跃其中。皇帝的婚礼是国家盛典，大婚当天有一个仪式是在皇帝、皇后面前摆放两双金镶玉的筷子，筷子的顶部用一条大红色的绒线连接，皇帝、皇后要同时举起筷子一起吃面，以示夫妻和睦、早生贵子。

从餐具到婚恋使者，筷子又多了一重甜蜜的任务。筷子多情，温柔一动，在相爱的人心间搅起一池春水，涟漪荡漾，自映入眼帘的刹那一直到白头。筷子无言，默默成就中国人最朴实的姻缘；筷子示爱，真切中透着中国人独有的浪漫！

筷仙姑娘，
快快请出

在民间传说中，筷子已经羽化登仙成为"筷仙姑娘"，她的主要职责是占卜、赐福。因此，筷子还能跻身人们的精神活动中，为预测吉凶祸福忙碌。从食器到占卜工具，筷子的任务又多了一重。

"嘘"，轻轻地，这里有一个秘密，筷子成仙啦，她叫"筷仙姑娘"。

"筷仙姑娘"这个名字里面若隐若现飘着这样一些词：美妙、苗条、温柔、神话、传说、故事、历史、久远，这个名字自带仙气，仿佛出自民间传说、奇妙的神仙故事，瑰异、独特而神秘。关于"筷仙姑娘"的传奇故事，也最适合在月光如水的夜晚，从满头银发的老奶奶嘴里轻柔地提起。

根据名字我们可以探知，"筷仙姑娘"一定与筷子相关。但是筷子究竟怎么成仙的呢？要说筷子成仙也不是一蹴而就，从食器到占卜工具再到神仙，筷子一步步从平常用具走上了神坛，成为人们崇拜的对象，整个过程与中国人的民间信仰演变交织在一起，充满戏剧性。

早在魏晋时期，筷子就被当作占卜工具。当时，每年正月时民间会请神占卜，请神的器具是一个簸箕，中间插一根筷子，再准备一个盛满灰的平盘，两人扶着簸箕用筷子在灰盘上写字，写出的字就是神谕。此时，筷子已经成为请神降临的媒介，差不多等于半只脚踏进了仙界。

到宋元时期，敬神娱神活动越演越烈，筷子作为占卜工具出场的频率也越来越高。不少文人参与过请神的活动，还留下许多神异记录，这其中苏轼记录的一则见闻非常有趣。有一户人家要请神，据说这个请来的神仙不但能与人应答，还擅长为文写诗，好奇心极强的苏轼跑去看热闹，见到的景象是这样的：请神的时候人们用草木扎了个稻草人，给稻草人穿上女人的衣服，把一根筷子插在稻草人的手中，让两个小孩子扶着稻草人，用筷子在灰盘上画出字。

与苏轼不同，陆游对请神活动的评价相当冷静，他写诗记录了请神占卜活动：孟春好时节，按照旧俗要迎神，人们在自家厨房里面取了竹筷，再给稻草人穿上花衣，让小孩子左右扶着稻草人，恭恭敬敬请神仙降笔。有人问能否考中功名，神仙回答"是"也未必一定，不过是大家相聚嬉闹一场而已。等到兴阑人散，请神的稻草人和筷子就被扔到屋子一角。搞这样的占卜活动，人和神都一样的不聪明！

无论是在苏轼还是在陆游见过的有筷子参与的占卜活动中，筷子就已经被信奉为能连通神与人的工具。到清代，跟

人们关系亲密、每日辛勤的筷子被正式纳入仙籍，拥有了独立的神格，成为"筷仙姑娘"。

"筷仙姑娘"的出现并非偶然，追根溯源，对"筷仙姑娘"的信仰与中国人古已有之的自然崇拜和多神信仰传统相关。在这套独特的信仰体系中，日月星辰、雷电风云、山水草木、日用物件、逝去先人、神话人物……都可以被视为神灵加以膜拜。各类神仙队伍浩浩荡荡、规模宏大：刮风有风神，打雷有雷神，山上有山神，林中有林神，河里有河神，井内有井神，门前有门神，厨房有灶神，厕所有厕神，床上有床神，养蚕有蚕神，酿酒有酒神，饮茶有茶神，负责钱财有财神，管理升官有禄神……筷子虽小，但跟人这么久，怎么也能修炼出个仙形。

的确，作为重要的食器，筷子与中国人的关系亲密无比。都说日久生情，随着时间的推移，人们对筷子的感情越发加深，这种情感加深的表现之一，就是把筷子人格化，升格为神仙。古代中国人认为老而不死的人会成仙，于是亲爱的筷子便摆脱了生死的束缚羽化登仙。仙是人界的神、神界的人；仙是理想化的人，仙境是人生的理想阶段。因此，人们定义筷子的人格神是一位漂亮的女神仙，主要的神职是占卜、赐福。这样一来筷子不单参与饮食活动，被赋予漂亮的人形后还昂首跻身人们的精神活动中，为预测吉凶祸福忙碌。从食器到占卜工具，筷子的任务又多了一重。

用筷子占卜请出来的神仙就是"筷仙姑娘"，人们把

"筷仙姑娘"当作一位高级预测师，请她出来的仪式很正式，占卜前准备好占卜工具：几根筷子和一个盛满水的碗，焚香、叩拜、祈祷后，虔诚地取出几根筷子，对整齐后竖立在水碗中，恭敬地念出请神语"筷仙姑娘快快请出""筷仙姑娘快请降临"等，再轻轻地说出希望得到神示的问题，一般一人一次只能问一个问题。然后一下子松开手中筷子，筷子即刻倒下。虽然谁也没有见过"筷仙姑娘"现真身，但是占卜者相信横七竖八倒下的筷子是"筷仙姑娘"的神示，是对吉凶祸福的说明。占卜后，人们有时候还会请"筷仙姑娘"顺道帮忙驱鬼治病。在科学未曾普及昌盛的从前，对"筷仙姑娘"的崇拜与其说是无知愚昧，不如把它看作一个关于人与筷子之间亲密关系的美好神话。

刘伯温初见
朱元璋

传说，刘伯温和朱元璋之间的初次见面与筷子有一段渊源。朱元璋想用"筷子"为题试探刘伯温的才学胆识，刘伯温当即成诗，诗中借用张良借著的典故，将雄心抱负展露无遗，让朱元璋大为赞赏。

放眼有明一代，刘伯温可是一个响当当的传奇人物，他擅兵法、施德政、长诗文，通天文、懂地理、晓术数，辅佐朱元璋建立了明朝。

在民间传说中，刘伯温和朱元璋之间的初次见面与筷子有一段渊源。在说起这次关乎明朝未来命运的见面之前，必须回溯一下刘伯温这位大神级人物的经历。

所谓福地生贵人，出生于自古福地浙江青田的刘伯温天资聪颖，从小就是十里八乡的神童。同龄孩子还在挠头识字时，他已经能一目十行、过目成诵。十二岁中秀才，十四岁入府学，默读两遍就能将一部晦涩难懂的《春秋》烂熟于胸，刘伯温的聪慧让老师大为吃惊，赞他为奇才。

随着年龄的增长，刘伯温的读书兴趣愈发浓厚，诸子、天文、地理、兵法、术数……都在他的阅读范围之内。博览群书加上潜心钻研，年纪轻轻的刘伯温成为名噪一时的"学神"。乡人们认为刘伯温智脉如此高是因为祖先积德、福泽后人，也有说是因为他得到一本"天书"。

那是元朝末年刘伯温在燕京学习时的事情。街市上有一个书摊，有一本很不起眼的书，放了很长时间都卖不出去。某日，刘伯温在书摊上发现那本书后立马津津有味地读起来。第二天刘伯温心心念念又去了书摊，卖书老人对他印象很深，问他前一天都读了些啥，刘伯温噼里啪啦竹筒倒豆子般把前一天读的内容说了出来。卖书老人惊得是目瞪口呆，过了好一阵，拉过刘伯温把那本书塞到他手里，说是为这本书找到了真正的主人。刘伯温得书后欢欢喜喜地回家去，等第二天再去街市上准备感谢卖书老人时，发现怎么都找不到那个书摊，老人和一摊子书消失了，就像从来没出现过一样。此后，刘伯温按照卖书老人的指点学习那本"天书"，掌握了常人无法触及的秘密，成为能掐会算、知晓上下五百年的大预言家。

刘伯温二十多岁参加了会试，一举考中进士，却因为元朝末年各地战乱，不得已在家中闲居多年。后来也被授命成为地方小官，但是刚正不阿的刘伯温始终与暗黑的官场格格不入，索性辞官回乡过起了隐居生活。乡里的生活平静闲适，刘伯温平日里教教村中儿童读书，满腹经纶、一腔抱负无处施展，干脆顺手写了本流芳百世的《郁离子》，用寓言故事表达自己的政治观点。

在刘伯温忙于写作，隐在乡间心潮起伏观天下巨变之时，有一个今后将会对中国历史产生重大影响的人也没有闲着，这个人就是朱元璋。出身贫苦家庭、排行老八的朱元璋在走投无路之际参加了元末农民起义军郭子兴的队伍。个人能力出类拔萃、智商情商双高的朱元璋凭借机智灵活的凶猛拼杀，在起义军队伍中的职位一路飙升。慢慢地朱元璋拥有了自己的队伍，虽然占据的地盘很小，但是发展势头很猛，正蓄势待发准备大展宏图。

转眼到了1359年，这一年，年近半百的刘伯温与刚过而立之年的朱元璋碰面。之前，求才若渴的朱元璋听闻刘伯温大才子的名声后，三番五次派人去请刘伯温出山，均被刘伯温婉言谢绝。这一次，面对元末兵荒马乱的局势，安稳的生活几乎已经不可能，刘伯温终于做出一个决定，走上了前往应天府的路，开启了辅佐朱元璋改朝换代的大功业。

刚见面，朱元璋上下打量了一番刘伯温，心想这个人精通术数，观天象、验谶纬难不倒他，且问他点别的。要知道朱元璋出身贫寒，幼时没有读过什么书，却一直对学习文化心向往之。在投身军旅后，南征北战、浴血搏杀中，朱元璋依然坚持开启了疯狂文化补课模式：见缝插针式读书，阅读涉猎广泛；与幕府中的文化人讨论典籍、辨析经史；重视实操，有机会就为文作诗。也许因为戎马倥偬，不适合长篇大论，写诗成为朱元璋最喜爱的文学表达形式，他创作了不少威风凛凛的诗句，如写菊花"百花发时我不发，我若发时都吓杀"，诗句个性鲜明，如重槌响鼓，让人胆寒。

朱元璋初见刘伯温时，虽然江湖上传闻刘伯温是一位术士，但是感觉眼前的刘伯温却浑身散发出与平常术士不一样的气质，朱元璋便想用诗歌试他一试，抛出一个问题："你，会写诗不？"

刘伯温笑笑，轻描淡写地回答："读书人哪有不会写诗的！"

朱元璋环顾四周，看见桌子上放着一双斑竹筷子，就指着筷子说："那就请用这竹筷为题作一首诗吧。"这个面试题简单得不可思议啊！

面对朱元璋这非常接地气的送分题，刘伯温不假思索随口而出："一对湘江玉并看，二妃曾洒泪痕斑。"起首这两句刘伯温借用了娥皇、女英哭祭舜帝而泪洒斑竹的典故。竹筷在明代最常见，刘伯温以筷子的原材料"湘妃竹"的典故入诗，算是直接切题。

但是，朱元璋听后不由得皱了皱眉毛，想：我这看似简单的题目里面埋着雷啊！用这么烂大街的典故，起首这两句泛着一股子秀才的酸腐气，不足为奇，不足为奇！

不等朱元璋皱起的眉毛落下，刘伯温跟着又是两句："汉家四百年天下，尽在留侯一借间。"霸气的典故瞬间炸开，留侯指张良，用的是张良"借箸代筹"为刘邦谋划大业的故事。四句话、两个典，从不起眼的一双竹筷子，一下子跳到大汉传奇霸业，不过寥寥数字，从平凡跳转至非凡。要说这刘伯温真是天才，借用张良、刘邦说自己和朱元璋：当年张良以筷子为道具为刘邦建立汉朝出谋划策，现在我也可以为你朱元璋实现雄心壮志献计献策。诗中藏着不凡的抱负，绝非一个平庸术士可为。初来乍到，这忠心表达得不但刚刚好，而且有点烫！

话音未落，朱元璋的"好"字已经冲口而出，刘伯温后面的两句简直每个字都像是鼓点敲打在朱元璋心跳的节奏上。

自此，刘伯温成为朱元璋身边重要的谋士，为建立明朝立下了汗马功劳。

乾隆的筷子故事

乾隆皇帝与筷子之间的小故事很有意思。一是他为提醒后辈不忘先祖、牢记传统，对在宴会上不佩戴解食刀的八旗子弟提出严厉批评；二是他在母亲去世后，熔化一双金筷子建了一座"发塔"，存放母亲生前留下的头发，以表达孝心。

乾隆在位六十年，在以文韬武略威震四海的同时，也热爱生活、兴趣广泛，政务繁忙之余还为后世留下几个与筷子有关的故事。

作为一个勤于理政的皇帝，乾隆对与吃相关的方方面面也非常重视。在初政稳定后，他开始关注宫中事务，设专人负责宫中饮食档案，如实记录御膳的具体制作、每日饮食、典章礼仪等。乾隆的这个决定让清宫膳食管理水平提升了一大步，同时还给后世留下了宝贵的饮食档案，可谓是清宫御膳宝典。后世根据这宝典，不但能了解清宫饮食文化，还能依据其中的制作方式，复原清宫菜谱，尝到皇帝曾经尝过的味道，也算是圆满了乾隆命人记录档案留给后世参考的初衷。

　　乾隆对吃的重视可不仅仅停留在档案记录上，这还得从解食刀说起。命人做御膳档案不久，乾隆带着皇子皇孙一大帮人回到盛京参拜祖先，一来感恩祖先保佑，二来让爱新觉罗的子孙们缅怀祖先的创业艰辛和丰功伟绩。一日，乾隆在大殿设宴，突然发现有人不守旧制，"吃福肉"的时候竟然不用解食刀，他不由得火冒三丈，不由分说训斥道："今天，爱新觉罗的子孙聚到一起祭祀祖先是我们的福分，理所应当遵守祖先定下的规矩。现在的皇子皇孙们把祖先的习俗都抛之脑后，你们扪心自问，再摸一摸，腰间那把解食刀还在不在！"

　　要说乾隆发这通脾气并不是无名火，而是针对皇族的懒惰、娇气而发。"吃福肉"是清朝皇家的习俗，福肉选用全黑色的猪，洗剖干净后不能放任何作料，仅用清水煮熟，然后众人分食，寓意福分均分。能与皇帝一起"吃福肉"是一件无上光荣的事，而按照满族习俗，分享福肉应该用解食刀分割而食。

　　乾隆提到的解食刀是满族的一种特殊食器。清朝初期，满族的八旗子弟领兵打仗，会把荷包、解食刀、火镰等生活用具挂在腰间，方便随手取用。虽说清军入关后，满族贵族的生活方式受到汉化影响，发生很大的变化，但是在腰间佩戴或在宫廷宴会上使用解食刀成为八旗子弟不忘先祖、牢记传统的标志。因此，乾隆看见有贵族竟然不佩戴解食刀，难

免会怒气冲天。

这通怒火让人略微了解乾隆对解食刀的重视，而他留给后人的一把银烧蓝解食刀才印证了这重视的程度有多深。这把现存于故宫博物院的解食刀通体28厘米长、6厘米宽。刀用上乘钢材制成；刀把、刀鞘用银打造，其上烧制宝蓝色珐琅，绘吉祥花纹；刀把尾部用红珊瑚吊坠装饰；刀鞘里一侧装刀，一侧装筷子、牙签、毛刷、镊子等物件。从材质、制作工艺到配置，这把乾隆御用解食刀都应该是皇家顶级高配版。被乾隆看重的解食刀其实就是"刀＋筷子"的组合，是游牧民族马背文化与中原汉族文化融合的产物。

乾隆皇帝还有一个与筷子相关的故事涉及他的母亲钮祜禄氏。乾隆四十二年（1777），钮祜禄氏不幸在圆明园寿终，乾隆悲伤无比，他看到佛家弟子建"发塔"珍藏佛祖释迦牟尼的头发，于是，仿照佛家弟子的做法，要用金子为母亲建一座"发塔"，用来存放母亲生前留下的头发，以资纪念。

不巧的是当时宫中黄金储备量不够，这可愁坏了造办处的官员，众人聚在一起想办法，终于寻思到御膳房中那些金银器皿上。从宫廷档案记录看，清宫饮食餐具食器豪华富丽，金银财宝应有尽有。于是，造办处熔化了一双金筷子和一把金汤匙，铸成一座小巧玲珑、金碧辉煌的"发塔"，满足了乾隆皇帝的一片孝心。

筷子正确的打开方式

用筷子夹取食物时，要动到三十多个关节、五十多块肌肉，动作越标准，关节和肌肉的锻炼效果就越好。用筷子时精巧的手指运动，还能促进大脑皮层相应区域的生理活动，对思维能力的提高有所帮助。

生长在筷子文化圈的中国人，血液里流淌着对筷子的热爱，这种强大的筷子基因代代相传。大多数中国人用起筷子来是驾轻就熟、得心应手。在中国，见到牙牙学语、蹒跚学步的小孩独自拿起筷子很有范儿地吃饭，千万别奇怪，那不过是因为中国孩子遗传了祖先的进食技巧。

但是还是有一部分朋友被小小的一双筷子难倒，尤其是随着中华美食风靡全球，不少海外朋友成为中餐"粉丝"，只是如何正确使用筷子用餐成为一道难题。海外中餐厅最常见的情景是，筷子虽小，驾驭不了；面对美食，心急火燎！不信请看：

一只手用一双筷子太难，有人干脆一手握住一根筷子，把筷子当作签子左右开弓叉取食物；无论怎么努力，一双筷子都并不到一起，于是，有脑洞大的朋友用皮筋套住两根筷子头，拉拉扯扯、勉勉强强让筷子合在一起；五指并用的人也不少见，用拇指固定一根筷子，另外四个指头固定另外一根筷子，像举握匕首一样握住筷子，再别扭地分开，艰难地取食……

所谓难者不会、会者不难，学会正确使用筷子并不像想象中的那么容易。相较于世界上的其他食器，筷子可能是最难掌握的一种，因为两根建构简单的筷子之间没有其他机械联系，全靠手指操作，必须掌握一定的技巧，才能运用自如。正确使用筷子有如下窍门：

首先将两根筷子尖头一端对齐单手握住，注意握处在距离筷子尖头的四分之三处，无名指托住筷子，拇指紧贴食指指甲盖的一节，拇指、食指、中指和无名指稍微用力固定住筷子。

然后，无名指和拇指尾部压住处于下方的筷子，保持固定；上方筷子与下方筷子的尖部对齐，头部不能相碰，要露出一定空间。

最后，手心稍稍向上；下方筷子固定；拇指、食指、中指紧握住上方的筷子进行分合运动以夹取食物。

用好筷子要遵循一定的节奏，有道是：

筷子两根在一起，一双筷子好神奇，

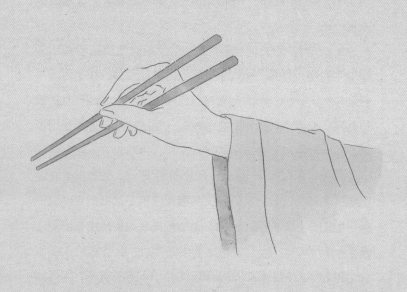

明星食器能量大，用好筷子有秘密：

凝神定气不心急，先将圆头来对齐；

四分之三处找准，顶部靠下轻握起；

无名手指做基地，拇指食指贴紧密，

拇指食指和中指，相互配合微弯曲，

再加基座无名指，筷子妥妥握手里。

要想用筷取食去，动静结合才相宜：

下方筷子它好静，贤淑淡雅悄声息；

上方筷子它好动，活泼热情真伶俐；

圆头可以头碰头，合在一起好发力；

方头不能太亲昵，保持空间留距离；

手心向上微微翻，分合之间把食取！

其实，筷子不但能帮助取食，使用筷子还有健脑强身的功效。据现代科学研究，用筷子夹取食物时，要动到手指、手腕、胳膊、肩膀等部位的三十多个关节、五十多块肌肉，动作越标准，关节和肌肉的锻炼效果就越好。而中枢神经系统是关节和肌肉运动的总指挥，精巧的手指运动，能促进大脑皮层相应区域的生理活动，对思维能力的提高也有帮助。

算一笔简单的账，一日三餐，每餐花费二十分钟，一天就是一个小时，相当于使用筷子进行了一个小时的健脑运动。夹上一筷子，不但吃到了美食，还让胳膊、手指得到运动，头脑更灵活，这是只有使用筷子用餐才有的福利！

使用筷子的禁忌

筷子是中华文化的活化石，是世界上最优雅的食器之一，要用好筷子不但需要学习技巧，还需要了解使用礼仪，才能在餐桌上用筷子展现出古老东方文明的风范

筷子是有着千年历史的东方文明的结晶，是中华文化的活化石，是世界上最优雅的食器之一。现在中国普遍采用合餐，因此使用筷子一定要遵循礼仪，不能随随便便犯了禁忌。

勿随意放置。不对齐筷子，尤其是几双筷子长长短短地随意放置被认为是不吉利的。中国古人去世以后要放进棺材，棺材不用钉子，而用皮绳把底板与盖子捆在一起，捆的时候横向捆三道，纵向捆两道，这就是所谓的"三长两短"，后世常指遭遇意外灾祸或生命危险。吃饭是大事，布置餐桌更不能马虎，千万别毛手毛脚把筷子摆成不吉利的"三长两短"，让人气恼。

勿颠倒首尾。筷子本是有阴阳的，圆形代表天，为乾卦，方形代表地，为坤卦。有时候不留神将筷子首尾颠倒取食，将原本应该入口的圆头一端拿反了朝上，用方头一端夹菜入口，如此一来搞成"颠倒乾坤"。颠倒乾坤使用筷子很别扭，发现后一定要立即改过来。

勿敲击碗碟。在等待餐食时无聊地用筷子敲击碗碟，为引起服务员注意用筷子猛敲碗碟，用餐途中开心了或者不开心了用筷子敲碗碟……无论什么情况下，用筷子敲碗碟都是不被允许的。南朝梁时道教茅山派代表人物陶弘景在其《养性延命录》一书中告诫众道士不要犯五逆六不详，其中之一就是："以匙箸击盘上，凶。"意思是用勺子、筷子敲击盘子，很不吉祥，有犯者凶。另外，过去乞丐沿街讨饭时，往往用筷子击打饭碗饭缸，以引起行人注意给予施舍。因此，在餐桌上用筷子敲击碗碟无异于乞讨行为，显得卑微低贱而无礼。

勿指指点点。在餐桌上拿着筷子当提示棒，用筷子尖头对着别人指指点点，这样用筷子好似在指责训斥，是一种非常不敬的动作。唐代诗人白居易有诗"时遭人指点，数被鬼揶揄"，说的是被人指责，仕途坎坷。在餐桌上用筷子指指点点，仿佛是在批评、挑别人的毛病，是对人极大的不尊重。因此，在餐桌上说话时要先放下筷子，以示对别人的尊重。

勿含吮喋喋。把筷子含在嘴里喋，还发出声响，喋完继

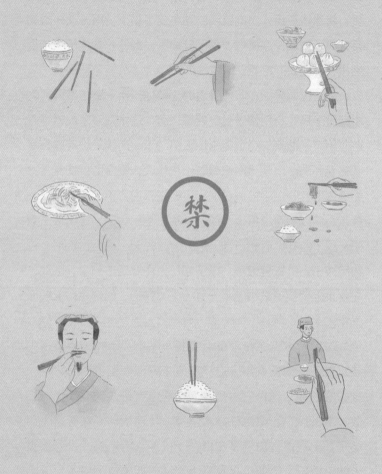

续用筷子去夹菜，极不卫生，还令人讨厌。记住，筷子是食器，不是食物，绝对不能含在嘴里吮嘬。

勿翻检菜盘。为吃到自己喜欢的食物，用筷子在不同的菜盘里不停翻找，或者在同一盘菜里来回扒拉，这种只顾自己、不管他人的行为，属放任不羁非常无礼。这里要举个注重餐桌礼仪的榜样：北宋时期的政治家王安石在筵席上只吃距离自己最近的菜，如果面前是獐肉，他就吃獐肉；如果面前是小菜，他就吃小菜，筷子绝不往远处伸。虽然王安石性格率直，甚至有些执拗，但是他在餐桌上严守礼仪的样子，委实可爱。

勿滴落汤汁。用筷子取食带汤汁的菜品时，滴滴答答、流汤滴水，从菜盘到自己的碗，汤汁滴落一路。这是不文明的行为，要极力避免。

勿竖插筷子。将筷子竖立插入装满饭的碗是大忌。这一禁忌起源很早，古代中国人会在祭祀时的案桌上摆设插着筷子的祭祀品。比如，南北朝时期风俗，每到正月十五祭祀时，家家户户摆豆粥、在蒸糕上插筷子做祭祀。也有人认为这一禁忌来源于筷子插入饭碗的形状与祭祀时香炉中的香相似。因此，在餐桌上将筷子插入饭碗万万使不得。

筷子简简单单，要用好筷子不但需要学习技巧，还需要了解使用礼仪，才能在餐桌上用筷子展现出古老东方文明的风范。

第三篇

肉香倾城

作为美食大国，从古至今中华美食层出不穷，这其中肉食占了很大的比重，而关于肉食的故事更多如恒河沙数。至于肉食的滋味，南宋诗人杨万里说得铿锵有力：肉香倾城！

周天子御厨中的
头号秘密

周天子的御厨里整齐地摆放着很多黑黢黢的大缸，里面装着御厨中的头号秘密——肉酱。用酒曲、米粉、盐等经过长时间低温发酵制作的肉酱是先秦时期调味的上佳之选。

　　盛宴在即，周天子的御厨里满是紧张的身影，饮食总管膳夫正在向负责肉酱和酸酱的两位酱官认真地交代着什么事情。

　　不一会儿，两位酱官得了指令奔向御厨中最重要的储藏室，那里整齐地摆放着一百二十个黑黢黢的大缸，里面装着的就是御厨中的头号秘密。两人默契地对视一眼，各自归位，站到分属于自己的六十个大缸前，迅速地投入了工作。今晚他们将根据指令为周天子呈上一桌丰盛的晚宴。

　　两鬓斑白、面色黧黑的肉酱官眯着眼神情专注，审视着面前六十个大缸，每个大缸里装着什么酱他都了然于胸：第一排是天子的最爱——用剔除骨头后的兔肉、大雁肉、鹿肉等做成的纯肉酱；第二排是用鱼肉、牡蛎等做成的鱼鲜酱；第三排是根据后宫嫔妃们的爱好，用加了水果、蔬菜的肉做成的混合酱。

肉酱官选中一缸酱，打开盖子的一瞬间酱香四溢，他吸一口气，微微对缸子点点头，好似是给自己的肯定。其实，他对这里每一缸酱都有绝对的信心。要做好这些酱可真不容易，从备料、宰割到烹制、腌制，没有哪一个环节敢马虎。新鲜的动植物食材一定是制酱的首选，每一种酱都配以独特的制作方式，从熬制、调制到腌制不一而足。像刚才打开的这缸酱，需要先把肉煮熟后切块，晾干；再把干肉块剁碎，加入酒曲、米粉、盐搅拌均匀；最后用好酒浸透，装进缸中，封住盖子，在阴凉处放置一百天。经过百天漫长的低温发酵，肉香、酒香、米粉香才能在发酵中散发一种全新的酱香味。

夜幕降临，宴会厅里一道道美味陆续上席，荤菜、素菜在桌上围成一圈，单单留出中心位置。不一会儿，两位酱官珍宝般捧着几种酱登场，肉酱和酸酱威风八面地占据了餐桌的中心，被其他菜肴如众星拱月一般围住。

之所以这样摆放是有原因的：周天子的御厨里"烹"与"调"还处于分家阶段，烹调未能同步，烹煮阶段食物基本不加调料，等食用时再用调味品对无味的食品进行调味。要想获得美味，必须进行调味。酱，就是重要的调味品。酱是什么滋味，与之搭配的菜肴就是什么滋味。

食材各有特性，尤其是动物食材腥、膻、臊有别，当然需要搭配不同的酱，才能在消除食材腥膻的同时，提升菜肴的口感和滋味。今晚的宴会，两位酱官就根据当晚肉、菜的特性搭配了对应的酱：鱼配蛋酱，甲鱼用肉酱，麋鹿肉蘸鱼酱，鱼片配芥子酱……

每当见到周天子和宾客们对美食露出满意的表情，肉酱官的嘴角总会荡出一丝不易察觉的笑意。煮熟的食材原本无滋无味地趴在食器中，在酱加入、渗透的一瞬间，食材仿佛被酱点化，突然鲜活起来，即刻变身为被周天子和宾客们纷纷点赞的真正美食。

酱，好似画龙点睛，对于美味是最后那一抹神来之笔。这就是周天子御厨中的头号秘密！

周代八珍之烤乳猪

周代有八道美食被载入史册、世代传扬，而在这八道美食中有一款烤乳猪更是不同凡响，即便按照今天的标准看，其制作工艺仍然堪称巧夺天工。

与从前相比，两周时期的天子对饮食的重视上升到一个新高度，这种重视被落到实处：首先，饮食被写入治国安民法规的第一条。其次，建立了一支庞大到令人咋舌的饮食管理队伍：设立二十一个不同类别的平行部门，每个部门的人数少则几十人，多则上百人，高峰时期，仅宫廷饮食部门人数就超过两千人。

庞大的队伍保证了饮食发展的人力储备，加上当时越来越丰富的食材，厨师们摆脱了"巧妇难为无米之炊"的尴尬。在各种内外因的激励下，厨师们绞尽脑汁让烹调技术不断提高，促使各种新颖别致的美食应运而生。因此，担心"穿越"回先秦只能吃糠咽菜完全没有必要，看看周天子的宫廷御宴就会明白，绵延千年的中华饮食真的名不虚传。

有八道美食曾经在周天子的宫廷御宴上隆重登场，这就是被载入史册、世代传扬的"周代八珍"。而在这八道美食中有一款烤乳猪更是不同凡响，即便按照今天的标准看，其制作工艺仍然堪称巧夺天工。所幸史书上对烤乳猪的制作工艺有详细的介绍，让我们今天能了解古代厨师的高超厨艺。

制作烤乳猪的序幕拉开：第一步高亢激越，刀起刀落间乳猪被宰杀完成。待清洗干净后，节奏慢下来，把香甜的枣子放进乳猪腹内，用芦苇裹紧，外面再涂上一层泥，然后迅速把裹着泥、湿漉漉的乳猪放到火上烘烤。紧盯着炉火，耐心地等泥慢慢烤干。待泥巴刚一烤干，立即离火。烤干的泥巴呈酥脆状，这时候手法利落，轻轻一磕、一剥，去掉外层泥壳。打开芦苇，再洗干净手，小心翼翼去掉猪皮上的一层薄膜。这时候枣子已经渗透进乳猪的皮肉，脂肪染上枣的颜色后有了琥珀一般的润泽，乳猪内部仿若有暗流涌动，香甜的肉味蓄势待发。

接着用研磨很细的稻米粉加水混合成糊状，用按摩的手法涂抹乳猪全身，好似给乳猪上了一层轻粉。这一程序就像是挂糊，让鲜嫩的乳猪即使经过繁复的烹饪后也能很好地保持外形。然后在小鼎中放油进行煎制，油量一定要没过乳猪，经过文火慢煎，鲜嫩的乳猪外皮微微起泡、油脂饱满，颜色如金珀般闪亮。

另备一口大锅烧水，将煎制好的乳猪连同小鼎放到锅内隔水炖，大锅里面的水绝对不能没过小鼎，防止水稀释肉的醇香。接下来是终极考验：三天三夜不停火地煨炖！三天三夜里，火温要保持恒定，大锅里的水不能烧干。这样的盯守对凡人是磨难，但是对厨艺大师是技艺修炼。时间，对于烹饪是一个至关重要的因素。佩服我们的祖先，他们在周代就已经了解时间与烹饪之间的密切关联，让时间做了最优秀的帮厨。

三天三夜后，烤乳猪做成：外形完整，外皮油酥金黄，经历三天三夜的慢炖后更有口感。打开内部，肥嫩的乳猪肉与枣泥已然混为一体，香、松、脆、肥、浓五滋齐备，肉质松软香糯已到化境。取一块连皮带肉配上之前准备好的酱进行调味，这道饱经时光浸润、慢工巧制的烤乳猪的滋味应该美到超乎想象。

毋庸置疑，做出这道烤乳猪的绝非等闲之人，与其说他是厨师，不如说是烹调艺术大师。制作烤乳猪实际上用到的烹饪技法远不止单纯的烤，像煎、炖等不同方法一一上场，清洗、包烤、煎制、煨炖、调味……环环相扣、步步衔接，整个过程更像是一出精心准备的烹饪秀，每一个步骤都透露出制作人在处理食材时的精致考究与用心周到。

八珍之一的烤乳猪绝对是宫廷御宴中的上品，将周代高超、繁复的烹饪工艺展露无遗，为美食大国源远流长的精湛烹饪技法做了精彩的注解。

孔子收腊肉
做学费？

综合多种意见可以知道，孔子收腊肉做学费是假的，但是腊肉广受喜爱却是真的。腊肉是当时佐餐饮酒的佳品，也是馈赠佳品，十条扎成一捆的腊肉常常被当作礼物在礼尚往来中频频现身，成为美食届当之无愧的「社交明星」。

初夏的清晨，绿树成荫的院子里，孔子正端坐在讲坛上为弟子们授课。孔子的课堂，琴音悠扬，书声琅琅，师生问答，你来我往，可谓教学相长，其乐融融！

突然，响起一阵敲门声，原来是一位父亲领着孩子到孔门求学。这位父亲见到孔子后说明来意，恭恭敬敬地送上一捆腊肉，说："请先生笑纳我们的束脩！"

孔子见状先是一愣，随即哈哈大笑起来："误会啦，误会啦！是不是听我说过'自行束脩以上，我都收为学生'这句话？"

那位父亲点头称是。孔子摇摇头："我说的'束脩'可不是你手上的这捆干肉哦！"

长久以来围绕"束脩"一词，专家们给出多种解释，其中被普遍认同的大致有两种：其一，"束"是量词，意为十条；"脩"是干肉，即腊肉之类。"束脩"指十条一捆的干肉。古人多用"束脩"作为亲友之间相互酬谢赠送的礼物，后来也指弟子初次拜见老师的见面礼。其二，"束"指束发，"脩"通"修"，"束脩"指束发修饰。古时候，男孩十五岁后叫作"成童"，要遵守童子的礼仪，比如要懂得整饬衣衫、用锦带束发等。成童懂得礼仪，能约束自己，就具备了接受更高一级教育的基本条件。

孔子是伟大的教育家，他努力践行"有教无类"的办学方针，打破等级禁锢，让广大的平民子弟获得教育权，无论贫富、送不送腊肉，只要愿意学，他都乐意教。所以，我们知道孔子不收"束脩"做学费，只要是年龄超过十五、懂得礼仪、自我约束、积极向学的童子，孔子都愿意收为弟子。

虽然孔子不收腊肉做学费，也不是腊肉的代言人，但是，这些都不妨碍腊肉成为当时真正的美食担当！

在获取动物食材不易、吃肉显示地位的年代，制作腊肉绝对是一件大事，因此当时宫廷中设有"腊人"一职，专门负责掌管与腊肉相关的事务。腊人的岗位职责界定非常清楚，主要任务是将猪、牛、鹿等动物的肉切成片状，或整体风干，或用盐腌制肉片，再熏烤，以便能够长期保存，随时取用。简单来说，腊人的工作就是为朝廷的祭祀、各种宴会等提供所需的腊肉。

腊肉在当时有不同的名称，添加姜、桂、盐等作料制作的叫作"脩"，如前所述十条腊肉捆一起叫"束脩"。还有一种仅用盐加工干燥制作的叫"脯"，明显"脯"字的生命力更强，因为直到今天我们仍将美味的肉干称为"肉脯"。

　　咸香味的腊肉是当时佐餐饮酒的佳品，尤其是添加姜、桂等作料制作的"脩"因为口味更丰富，成为受人们青睐的馈赠佳品，十条扎成一捆的"束脩"常常被当作礼物在礼尚往来中频频现身，成为美食届当之无愧的"社交明星"。

　　那时，走亲访友提着大包小包去送礼，如果礼物中有酒、腊肉，到人家大门口，客人就将酒悄悄留在门外，提着腊肉抬头挺胸、大步流星体面地进去请人通报就行。有腊肉开道，其他礼物都通通弱爆了，足见腊肉在当时有多受欢迎！

来，跟张骞
一起烤全羊

在中国饮食史上张骞是必须大书特书的人物，他出使开辟了一条神奇的丝绸之路，让不同地域、不同民族的文化得以相互交流，也让西域的饮食方式和烹饪技法频频传入中原地区。这里我们介绍一款张骞在出使途中尝到过的烤全羊。

　　黄沙漫漫，无边无垠；山脉褶皱，蜿蜒起伏。荒漠中，汉武帝派出的西域使臣张骞和他的向导正艰难跋涉，断食多日，只靠射杀一些飞禽走兽饮血食肉充饥，虽然已是疲惫不堪、饥渴难耐，他们却依然踉踉跄跄一直朝前。

　　突然，一抹难得的绿色跃入，张骞和他的向导简直不敢相信自己的眼睛：冰雪消融，肥沃绿洲，被春天唤醒的植物一派欣欣向荣，炊烟袅袅，驼铃声悠扬！"到大宛国了！"张骞喜不自禁！

　　蓝眼睛、高鼻子的大宛国王早就听说了汉朝的强盛，一直想找机会与汉朝建立联系，但是苦于路途遥远、交通不便，始终未能如愿。张骞的到来让他大喜过望，当即设宴款待，表达大宛国对汉朝的热忱。

那一夜月朗星稀，熊熊篝火映红半天，汗血宝马在一旁优哉游哉打着响鼻，胡琴的旋律断断续续。席间，奶酪飘香，烤饼金黄……而招待贵宾的主菜是烤全羊。仆人早已将羊宰好洗净，用姜、盐、椒等作料涂抹全羊的表面，让作料充分渗透进羊肉等待开烤。等柴火烤架准备停当，涂满作料的全羊被妥妥地放到火上。不一会儿，羊油受热滴落火堆上，噼噼啪啪炸出点点鲜艳的火花。

大宛国王见张骞看得出神，扑闪着蓝眼睛，热情地为张骞做起了介绍：烤全羊流传已久，西域人世世代代就这样制作烤全羊。听说你们大汉国吃烤全羊需要切开肢解再烤，这里不需要，我们都是用完整的羊来烧烤。

张骞一边与大宛国王交谈，一边跟着大家朝烤全羊的火堆里添柴，火花四溅，肉香弥漫，欢声笑语间，全羊烤成。装羊的椭圆形大盘足足有一臂长，四足还雕刻着张牙舞爪的兽纹，也只有如此霸气的盛盘才足以与烤全羊相匹配。烤得焦红油亮的全羊被装入盘中，抬上桌来，霎时，混合着炭烧味的羊肉香弥漫开来，侵入人的嗅觉。没有人能在如此有冲击力的烤羊肉面前保持矜持，众人的目光齐刷刷地落在烤全羊上，只见盘中的烤全羊焦黄的皮被夜色镀上一层神秘的暗红，趁着热力未退，烤熟的脂肪从薄皮缝隙中溢出油脂，闪着晶莹的光。

大宛国王随即招呼大家围坐享用。张骞跟着大宛国王的

示范，用小刀割取一块羊肉放进嘴里，美美地一嚼，鲜嫩、肥美，霸道的炭火味让肉在保持丰腴的同时香而不腻，一经咀嚼，鲜香与脂香便在口中四溢。用炭火烤制的全羊，火力内外相对均衡的高温，能在最大程度上保持食材外形的同时锁住食材最初始的鲜美，甚至能让抬上餐桌的羊肉还带着草原特有的清新草香！

这场以烤全羊为主题的西域晚宴，从烹饪到取食都展示出游牧民族的豪情。大宛国人的粗犷豪爽、热情好客感染了张骞，他与大宛国王把酒言欢，大块吃肉、大碗喝酒，深深地沉醉在西域的美食和西域人的真挚情谊中。前路艰险勇者行，对于张骞这样肩负使命跋涉之人，烤全羊是治愈系美食，能愈合出使路上的剑戟刀枪、雪雨风霜之伤。

转眼到离别时刻，张骞的行囊中多了大宛国王赠送的石榴、葡萄、核桃、芝麻、蚕豆、黄瓜……

后来的事情我们都知道：张骞这次出使开辟了一条神奇的丝绸之路，让不同地域、不同民族的文化得以相互交流，也让西域的饮食方式和烹饪技法频频传入中原地区，为汉代的饮食文化注入一股浓郁的异域风，这其中当然包括至今仍然活跃在我们餐桌上的烤全羊！

鸡黍约中
情谊长

鸡在汉代是流行美食，经常被做成美食招待客人或者孝敬老人。感谢范式、张劭两位好友因深厚的情谊、彼此的信任为后世留下一段"鸡黍之约"的佳话。

古人以鸡和黍招待客人，是一件倍有面子的事情。鸡是最普通的家禽；黍其实就是带有黏性、口感软糯的黄米，是中国传统"五谷"之一。

鸡与黍的搭配可以追溯到中国烹饪界的祖师爷彭祖，传说当年彭祖将野鸡与黄米一起熬制成一种美味的汤羹献给尧，黄灿灿、香喷喷的鸡黍羹让尧胃口大开，吃完以后赞不绝口，鸡黍搭配就此流传开来。

到春秋战国时期，子路随孔子出游，一个人落在后面，所幸偶遇一位用拐杖扛着农具的老人，这位老人是一位隐士，他非常仗义地让子路留宿家里，还杀了鸡、做黄米饭招待他，可见当时鸡黍饭已经成为待客上品。

到东汉，因一对好朋友的故事，鸡与黍被注入新的文化意义。当时游学交友之风盛行，一时之间京城太学里各地学子济济一堂研习儒术。在太学学习期间，范式遇到了张劭，相近的年纪、相似的人生经历、共同的学术爱好，让两个年轻人很快成为挚友。

　　光阴似箭，转眼太学学习告一段落，两人将告假回乡看望家人。离别伤感之际，范式对张劭说："两年之后我会去探望你，拜谒你父母，看望你的孩子。"两人约定好再会的日期，就此别过。范式回到家乡山阳郡，张劭回到家乡汝南郡，两地之间相隔千里。

　　临近再会的日期，张劭掰着指头数日子，急切地盼望着范式的到来。他母亲见此情景，对儿子与范式的约定半信半疑，说："一别两年，千里结言，你怎能那么确信他一定会来？"张劭答："母亲，范式是一个极其讲信用的人，他肯定会守约的。"母亲说："如此，我就为你们备好酒饭。"到了约定那天，张劭家的院子里鸡、黍、美酒早早备好，在众人的疑惑中，张劭迎来了如期而至的范式。试想，在没有电话、没有电子邮件，更没有微信的时代，两位好友却能各自信守一个久远的约定，实属难得！从此，汉语里多了一个成语"鸡黍之交"，鸡与黍的搭配被赋予了朋友之间情深意长、真诚守信的含义。

　　故事太短，着力点都在范、张二人的友情上，没有具体交代好友聚会上的饮食情况。让我们把日历翻回到这个

美好故事中两位好友再次相会那一天，推测他们会怎样去吃鸡、黍。

鸡在汉代是流行美食，经常被用来招待客人或者孝敬老人。当时的人已经掌握了杀鸡后浸入热水中拔毛的诀窍，宰杀拔毛后的鸡会被挂到杆上，方便进一步处理内脏、切割等工作。在烹饪中，鸡是可塑性极高的食材之一，汉代人应该是懂得并擅长吃鸡的，除了蒸鸡、炖鸡等，烹饪方法多种多样。

烤鸡肉串：鸡肉收拾干净后切小，用竹签或者铁签穿成串在火上炙烤。

煎鸡：把鸡肉与盐、桂、姜等作料混合，放进锅中煎干至熟。

鸡肉干：把鸡肉切小，混合作料后晒干做成。

炸鸡：先把动物油脂加热至沸腾，然后放入鸡肉炸制。

酿鸡：把鸡肉切小晾干后放进酸浆里腌制，吃时加工熟，这个方法有些泡菜的意思，不过酸酸的腌制鸡肉，其滋味给人留下很大的想象空间。

黍作为主食明星，在汉代烹饪方式也不少，一般做饭的话遵循干饭蒸、稀饭煮的方法。上述烤鸡肉串、煎鸡、炸鸡等与刚蒸熟的热气腾腾的黄米饭，无论怎么搭配，都是绝佳的美食伙伴。另外已经掌握了研磨技术的汉人，还会把黍研磨成黄米面，做成各种美食，比如：蒸熟做成黄米面蒸饼，加蜜、枣等和猪油做成甜油饼，加鸡蛋做成鸡蛋饼……

　　以上这些都是鸡是鸡、黍是黍，但是有一款菜式沿用了彭祖的菜谱，将鸡与黍一起做成了羹，这就是"鸡瓠菜白羹"，所谓"白羹"就是汤羹里面添加了少许的碎米。这款羹的食材有鸡、黍、嫩葫芦瓜，荤素搭配、主食副食皆有，是一道很有营养价值的美食。

　　不知道范式、张劭相聚的那一天，鸡与黍是怎么搭配的？两位好友又都吃到了什么样的美食？

　　范式、张劭之后，鸡黍之约仿佛成为好友会面的标配，文人墨客围绕鸡、黍大书特书，这其中唐代诗人孟浩然的"故人具鸡黍，邀我至田家"恐怕是关于鸡、黍待客最脍炙人口的一句。孟浩然去乡下田庄探访好友，好友很实在，杀了家里最肥的鸡，煮熟黄米饭请诗人品尝。想必是好友家里的鸡米饭给诗人留下太过深刻的印象，当他提笔抒情的时候，首先跃入脑海的就是鸡与黍，于是，第一句就直抒胸臆，对好友的盛情表达感谢，字里行间当然也毫不掩饰对鸡、黍的赞许。这首诗里，鸡、黍实在太抢眼，让那些美丽的山村风光、恬静的田园生活都隐去，沦为衬托鸡、黍的漂亮背景。

　　在中国人眼里，鸡和黍都是绝好的养生佳品，对健康非常有利。历朝历代烹饪方法不同、滋味各异，鸡与黍搭配饱含的情谊却从未改变。鸡也好，黍也罢，看似普通的食材，在特定场景就交融成人间至情之味，也许今天盛行的黄焖鸡米饭的源头可以追溯到鸡黍之约上去。

好吃鱼的曹操

在文韬武略的背后，曹操其实是一个热爱生活、不折不扣的美食家。他曾经写过一本《四时食制》，其主要内容是：寒来暑往，四季变化，饮食随着季节走，养生很重要。这本书还透露了曹操在饮食上有自己的特殊爱好——偏好吃鱼。

　　说曹操，曹操到，曹操的大名无人不知、无人不晓，他是汉魏时期杰出的政治家、军事家、文学家。他推行屯田制鼓励农业生产，减轻税负，加强水利设施建设，唯才是举招募天下英雄；他战官渡，平匈奴、征乌桓、降鲜卑，立下赫赫战功，缔造了曹魏政权；他的诗文慷慨雄健、直抒胸臆，写大海"洪波涌起"，写人生"志在千里"……

　　曹操还有不为人熟知的另一面，文韬武略、廉洁勤俭的曹操其实是一个热爱生活、不折不扣的美食家，他曾经写过一本《四时食制》。从书名看，《四时食制》讲的是一年四季吃什么，可惜这本书现在已经失传，因被其他书引用才留下宝贵的片段。有人怀疑这本书不是曹操亲自写的，而是其他人托名之作。不管曹操是不是这本书真正的作者，从史书中对曹操"吃"的记载看，托名曹操至少是事出有因。我们可以回溯一下曹操与"吃"相关的两件事。

望梅止渴：盛夏时节曹操带兵打仗，行军途中，没有水喝的士兵被晒得头昏眼花，眼看支撑不住。曹操传令士兵再坚持一会儿，说不远处有一大片酸梅林可以解渴，鼓励士兵坚持到了有水的地方。个人气场强大的曹操，深谙食材性质，在关键时刻，利用酸梅做意念工具对自己的队伍进行了一次成功的团体心理训练。

如嚼鸡肋：曹操率大军与刘备对峙多时，曹军的处境每况愈下。某日进退两难、犹豫不决之际，厨师送来一碗曹操最爱的鸡汤，汤中有块鸡肋。恰好部下来问当日军令，曹操下意识说："鸡肋！"鸡肋，食之无肉、弃之有味，形象准确地以鸡肋比拟战事不能取胜，不如早归。以"鸡肋"作为军令，也就精通饮食之道的曹操能做到！

曹操与美食之间有不少类似的趣闻逸事，有了这些故事的铺垫，曹操作为《四时食制》的作者绝不违和。作为《四时食制》的作者，曹操褪去了一贯的不苟言笑、老成持重，变身一个贴心的暖大叔，告诉大家：寒来暑往，四季变化，饮食随着季节走，养生很重要。

从《四时食制》看，曹操在饮食上有自己的特殊爱好——偏好吃鱼。作为一个重度吃鱼爱好者，曹操对各类"鱼"投以极大的关注，在书中残存的为数不多的内容中，竟然有十四条谈到了"鱼"。他描述这些"鱼"的名称、体貌特征、产地、能否食用，还谈到食鱼的滋味。他所记载的"鱼"分别产自中原、江南、西南等地，其中不光有淡水鱼，还包括一些海洋生物。由此推测原书内容一定相当丰富。

也许是与刘备之间的争斗太过虐心，也许是对川菜的真心喜爱，川菜中的鱼类菜肴成功地引起了曹操的注意，让他在自己的美食专著里认认真真做了记录，比如：四川郫县（今四川成都郫都区）有一种"子鱼"，鱼鳞金黄、尾巴赤红，被养在稻田中，稻香鱼肥，这种鱼能用来做上好的鱼酱。从曹操的描述中推测，这"子鱼"漂亮的外貌类似今天的锦鲤。

郫县还有一种"蒲鱼"，鱼鳞如粥，可惜现在已经无法知晓这个鱼鳞怎样的如粥状。

另外，四川的泸州、犍为两地出产一种"黄鱼"，体形很大，能长到数百斤，但肉质却很嫩，曹操的试吃体验是骨头都软到可以食用，想必这也是他的心头好之一。

三国鼎立时期，巴蜀地区物产丰富、餐饮业兴旺，逐渐形成独具特色的饮食风格，川菜正在大踏步走向成熟。从曹操的记载可见当时川菜已名扬天下，在众多的川菜菜式中为何独独鱼类让曹操刮目相看呢？那是因为巴蜀大地江河密布，鱼类资源非常丰富，划个打鱼船出去，随便一甩网，就能捞得盆满钵满。这还不算，爱吃鱼的巴蜀人，在水塘、沟渠甚至是水稻田间养鱼，想吃鱼了，到田间地头走一遭，摸一条大肥鱼，抹上盐，切几片姜，再撒几颗巴蜀特有的赤色花椒，三两下便成盘中美味。

巴蜀渔产丰富，"好辛香"的巴蜀人又能做出好滋味的鱼，这应该才是让曹操心心念念，爱到必须用文字记录下来的终极原因。正因如此，我们才幸运地通过美食家曹操的笔触窥见三国时期巴蜀厨事的热闹场面。

曹操在《四时食制》中没有详细描述鱼的具体烹饪方式，但是从魏晋时人的饮食习俗猜测曹操吃鱼的烹饪方式应该是多种多样的。曹操自己记载过一则"蒸鲇"，是把鲇鱼蒸熟了吃。还有就是通过封闭容器进行发酵的方法做鱼酱，比如上述黄鳞红尾巴的"子鱼"就是可以被做成鱼酱食用的；或者加入精心选择的姜、椒、盐、豉等各种作料后进行炙烤；或者用盐加上其他配料一起腌制成能长时间储存的腌鱼；或者将新鲜的鱼细切成"脍"后蘸上盐、葱、芥等调料生食，食生鱼脍在当时非常流行，爱吃鱼的曹操一定不会错过这一口。

丰富的鱼类品种，花式的烹饪方式，口感不同，滋味各异，成全了曹操吃鱼的爱好。

尝烤牛心的小伙子真帅

少年王羲之到名声显赫的吏部尚书周顗家做客。年纪虽小、才气逼人，虽然王羲之安安静静坐在末座，却成功引起了周顗的注意。慧眼识人的周顗请王羲之第一个品尝珍贵的烤牛心，以表示对王羲之的器重和欣赏。

《黄庭经》《十七帖》《快雪时晴帖》《兰亭集序》等作品广采众长、天质自然、丰神盖代，这些都出自今天的主角——东晋伟大的书法家，被后人尊为"书圣"的王羲之。

王羲之小小年纪就显得与众不同，个子很高，却寡言少语。他七岁开始跟着家里长辈学习书法，曾经捧着父亲的书法理论书看得如痴如醉，到十来岁字已经写得相当有水平，因此深得长辈喜爱，也在家乡小有名气。

有一次，王羲之随母亲走访亲友，到当时名声显赫的吏部尚书周顗家做客。作为名臣的周顗神采俊秀、才高八斗、为人谦和，声名远播，在当时是德高望重的典范人物。周顗家的宴会厅高朋满座，达官贵人、高雅名士相谈

第三篇　肉香倾城　　199

甚欢。少年王羲之默默地坐在末座，神情淡定，仿佛超然于眼前的喧哗。

偏偏，这位坐在末座上的沉默少年引起了主人周顗的注意：这位少年面色如玉、眉目聪慧，即便端坐一隅，未曾开言，亦显出异于常人的温文尔雅、俊逸洒脱、英武豪气，慧眼识人的周顗从沉默少年身上看到一束不凡的光芒，相信这是个天赋异禀之人，将来定能成大器！

周顗打听到翩翩少年叫王羲之，年纪虽小，却很有才学，尤其书法造诣让人刮目。他在以主人身份致辞完毕宣布宴会开始的时候，做了一个让在座嘉宾大吃一惊的举动：他割下一大块烤牛心请末座的王羲之率先品尝。

什么？烤牛心竟然请一位少年先尝！这位少年什么来头？是谁家的贵公子？有什么能耐？周大人对他为何如此器重？宾客们的目光齐齐地扫向末座的少年，脸上惊诧的表情说明他们心中正奔腾着无数的问号。

的确，烤牛心是宴会上最为珍贵的一道菜，是当时大户人家才吃得起的珍馐美味！为什么说烤牛心是当时一等一的珍品呢？因为魏晋时期养牛主要用于耕田驾车，牛是田里的主要劳动力，牛车是魏晋时期主要的交通工具。牛肉虽然好吃，但一般人家想把耕田主力、拉车动力的牛吃进肚里可万万不能。鉴于牛的重要性，官府规定一般人不得随意宰牛，谁要是嘴馋偷偷宰牛吃肉，会被治重罪。因此，与猪肉、羊肉相比，牛肉是餐桌上的稀缺珍品。牛肉都是稀罕物，更别说牛心，因为少之又少，牛心被追捧为珍稀极品也就不足为奇。

在魏晋时期，随着南北文化的交流，炙烤这种原本属于北方人的烹饪方式被南方人广泛接受，炙烤被用于不同食材的处理，炙烤的程序、手法也变得多种多样。魏晋时用来炙烤的食材有荤有素，荤菜中有牛肉，牛肝、牛百叶等内脏也都在列。如果要做烤牛心，那么在收拾干净并切割好牛心之后，要用葱白、盐、豉汁等调味品浸渍以备炙烤。经过浸渍后的牛心吸足香料的汁液，变得更加饱满丰盈，将湿漉漉、颜色酱红的牛心往火上一放，在高温的热辣怀抱中，汁液迅速往肉中钻去，原本稀薄的汁液变成浓稠的酱汁紧紧附着在牛心上。看住火候，无须太长时间，烤牛心出炉。

带着炭火香、挂着醇滑酱汁的香嫩烤牛心被送到王羲之面前，这样一道名贵的烤牛心，小小年纪的王羲之不但可以吃，还是第一个吃，表明了周顗对王羲之的器重和欣赏。那块烤牛心分明就是一块红艳艳的指示牌，昭告众人：看，闪耀的明日之星！宴会上，周顗用一块烤牛心将王羲之推到聚光灯下，成功地引起大家的注意，从此王羲之名声渐起。是珍贵的烤牛心将王羲之的才气与周顗的识才、爱才、推举人才串联起来，促成饮食史、书法史上的一件美事。

谢玄宠妻
赠腌鱼

战功赫赫的谢玄与妻子伉俪情深，他征战在外仍然不忘给妻子做腌鱼。他把钓到的鱼用独特手法进行加工；等鱼腌制好，写一封情书与腌鱼一起捎给妻子。看完腌鱼的制作过程，估计很多人会感叹谢玄的宠妻功力已达峰值。

　　谢玄生于东晋赫赫有名的诗礼之家，他文武双全，有济世安邦之才，特别善于治军。为抵御前秦，在叔父谢安的推荐下，谢玄招募骁勇之士训练组建成英勇善战的"北府兵"。在淝水之战中，谢玄一马当先、冲锋在前，打得前秦溃不成军，以无比的英雄气概成为这场以少胜多、彪炳史册的著名战役中响当当的人物。

　　但是这个大英雄可不是一般五大三粗的糙汉子，而是一个文雅大气、兴趣多样、热爱生活的宠妻达人。他有一个特殊的业余爱好——钓鱼。打窝、上鱼饵、抛竿……他技术娴熟堪比老渔翁，每每出手就有大丰收。钓的鱼多了，他就做腌鱼，送给亲朋好友。在他传世不多的十篇文

字中，就有四篇与钓鱼有关，在其中一篇写给妻子的信中，他写道："亲爱的，我出去钓鱼，收获很多，做了一罐腌鱼。现在给你捎去！"

谢玄妻子姓羊，是名门闺秀。两人成婚后感情很好，谢玄虽然军务在外，仍一心惦记着家里的娇妻，利用闲暇钓鱼、腌鱼赠妻，演绎出一段伉俪情深的传世佳话。谢玄给妻子的家书，没有你侬我侬的扭捏作态，却字字饱含两情相悦的柔情蜜意。英雄的爱情就是这样直接：爱你，就给你做吃的！哪怕身处两地，也要钓鱼、腌鱼给你捎去。这样的爱，不虚假、不造作、不古板，但有一个关键点，需要时间做验证，就像腌鱼的制作一样。要不怎么说谢玄是个宠妻达人呢，因为要做成腌鱼可真不容易。

好腌鱼的原料首选鲤鱼，鱼越大越好，但又不能太肥，如果鱼太肥，不利于保存。取鲜活的鲤鱼，剖鱼、去鳞、洗净，再切成两指大小的块，切的时候要注意每块都得带皮。鱼块要切得大小均匀，才能在未来的发酵工序中保证质量。鱼块若太大，外面发酵过度味道变酸，里面靠近骨头部分却因作料无法渗透还留有鱼腥气。

切好的鱼块浸泡水中，反复换几次清水，洗净后捞出沥干。然后大量撒盐，让鱼块浑身沾满盐，如裹上一层朦胧白纱。再将鱼块整整齐齐码放在竹篮中，用平整的石板压在上面，在石板的重力下鱼块被榨干水分，与此同时，盐也悄悄地渗透到鱼肉当中。

利用这个时间做糁，先将米煮熟捣碎，然后加进茱萸、橘皮丝，倒入好酒搅和调匀备用。

腌鱼的最后一步：取一个干净的陶罐，往里面摆放鱼，一层鱼，一层糁，装满为止。把罐用竹叶或芦叶密封好，静置发酵。谁又能想到，看似纹丝不动的罐子里，一出好戏正在上演：暗黑的罐子中，温度、湿度适宜，糁里面产生大量的乳酸菌；在低温下多情的乳酸菌变得异常活跃，使劲朝鱼肉里面渗透；生鱼肉也是来者不拒，豁达地向乳酸菌敞开怀抱，与乳酸菌一起可劲地发酵。糁中的酒是腌鱼的大功臣，杀菌防腐、去腥解膻、和味增香，酒来了个一肩挑。酒帮助鱼肉中丰富的水分不断渗出，再引导茱萸、橘皮丝等香料的成分顺利进入肉中。一段时间后，罐内有红色的汁液渗出，这需要及时倒掉；直到有一天罐内渗出的汁液变成白色，这是生鱼肉发出的信号：生鱼块已得新滋味，可以食用啦！

腌好的鱼因为经过发酵，散发出浓郁的酸香，酸香很特别，是一种由盐、米、茱萸、橘皮、酒、竹叶等交融出的复合香味。鱼肉如温玉，色泽美丽。经过石压、腌制后的鱼肉从里到外被酸香包裹，肉质紧实，富有弹性，很有嚼劲，若细嚼慢咽便不难品出藏于肉中的酸香与劲爽。

吃这种腌鱼有专门讲究，不能用刀，金属的刀具一碰，腌鱼就会产生奇怪的腥味。因此，收到谢玄捎来的鱼后，妻子会满心欢喜地打开盖子，取出一块，用手撕下送入口中，慢慢品尝爱的滋味。

　　通过腌制发酵做出的鱼，散发出独特的酵香，咸中带着温和而魔幻的酸，嚼劲十足，又能长期保存、随取随用，这才为谢玄长距离腌鱼赠妻提供了条件。这种中国人独创的生食发酵加工食物的技术在魏晋时期已经广为流行，这个方法还远播海外，据传，至今日本人制作某些鱼鲜的时候仍然在一五一十拷贝这个千年古方。

天下第一"炒"

"炒"是中华烹饪独门绝技之一。北魏出色的农业科学家贾思勰在他的《齐民要术》一书中不惜笔墨，详细记录了一道鸭肉菜的烹饪方法，第一次将炒法以文字的形式记录在中国饮食史上。

中国菜之所以能在世界美食之林中独树一帜，是因为拥有不少独门绝技，炒法，就是其一。在不少海外厨师的眼中，炒法是种魔术一般的存在：中国厨师变戏法一样用铁铲在火焰升腾的锅中翻炒，一时之间油盐奔腾、豉汁激荡、肉菜欢跃，转瞬色、香、味俱全的美食就上桌了。

至于这个独门绝技是什么时候初步形成的，众说纷纭：有说商代的，因为出土的青铜刀貌似能切薄片；有说秦汉的，因为墓葬出土的双耳小锅跟现代的深炒锅外形很相像；还有说魏晋的，给出的理由都相当有说服力。

魏晋时冶金技术进步，炊具质量上了个台阶，当时高质量的铁锅因为轻巧、传热快，受到人们的热捧，卖铁锅的店铺比比皆是，人们还会将信誉好、质量上乘的铁匠铺介绍给亲朋好友。另外，锋利的金属刀具的使用，为加工原材料提供了便利。好锅、好刀，加上爱吃会做的人，炒法的出现是水到渠成。

炒法在魏晋时期形成还有文字记录为证：北魏出色的农业科学家贾思勰在他的《齐民要术》一书中，不惜笔墨详细记录了一道鸭肉菜的烹饪方法，第一次将炒法以文字的形式记录在中国饮食史上。

这天下第一"炒"是一道鸭肉炒菜，具体做法如下：

选新生极肥的子鸭（注意这个"极肥"为后面的炒埋下了伏笔），子鸭个头差不多有野鸡那么大，宰杀后去掉鸭头、内脏进行腌制，然后清洗干净。

炒菜的食材一定要处理成丁、丝、条等易于快速熟的形状。所以接下来剔除鸭子的骨头，将鸭肉细细地切碎；选取白净水嫩的葱头，也细细地切丝备用。这个阶段的准备动作完全就是在秀刀具、秀刀工。没有锋利的刀具、高超的刀工，细碎鸭肉、细丝葱白无从谈起。

对于炒法，旺火、热油、快速翻炒是三大窍门：炉灶中生火，等蓝色火苗热切地舔着锅底，朝锅内倒入盐豉汁；盐豉汁慢慢冒起小泡，锅内逐渐蒸腾，待得那沸腾的顶点，眼疾手快倒入切碎的鸭肉，将所有力量聚集在手腕上快速翻炒。

前面说了选食材时要挑油脂饱满的子鸭，因为起初锅中只有盐豉汁，这时候切碎的肥鸭肉经热锅一激发，油脂会迅速被逼出。油热锅滑，快速翻炒中，鸭肉在触碰锅底的一瞬间轻快地裹挟着盐豉汁急速跃起，凌空翻滚，再滑落锅底，如此反复，转瞬间鸭肉炒熟。

在鸭肉炒熟的第一时间加入花椒、姜末、葱丝等作料，不能犹豫，果断起锅。

这样做出来的鸭肉，因高温下的短时翻炒锁住了鸭肉的水分，让鸭肉在熟的同时保住了鲜嫩。这种炒法不另外放油，完全用高温逼出肥鸭内部油脂，这样做出来的鸭肉，肉质细嫩多汁，滋味充分渗透进肉里，咬一口有明显的脂香却不油腻，鸭肉新鲜细腻，充盈着豉汁香。

《齐民要术》中这道香炒肥子鸭其实与今天的炒法几乎如出一辙，这清楚地告诉我们"大火、油热、快翻"炒法技艺在魏晋时期已经初步定型。说"炒"是中国人的独门技艺绝不含糊：临土砌的灶台，向熊熊炉火，端一口金属铁锅，掌木柄锅铲，翻动食材任豉汁渗透，一个"炒"让金、木、水、火、土短时间内同时上线，耗时短、能量利用充分、作料混合迅速，炒出的美食当然会带有其他烹饪方式所不具备的清新与劲爆。在炒法中火是一个尤为重要的因素，中国人称其为"火候"，炒菜的时候，火要旺，有时候甚至可以旺到火苗包裹住整个锅身、舔到锅把，旺火的高温能让食材在熊熊烈焰中火速变熟。极难掌握的"火候"被中国人轻轻松松运用于股掌之间，中国人就这样以炒法向世人炫耀：能驯服火，并用得如此出神入化的民族，绝对不能小觑！

今天，"炒"已经成为中国人最普遍的烹饪手法，气定神闲在灶前颠勺翻炒的可能是爷爷奶奶、大叔大妈、姑娘小伙，随便一户人家都潜伏着两三个炒菜高手，用祖先传下来的烹饪大法"炒"出中国人自己的味道！

"诗仙"的太白鸭

"诗仙"李白不但文采超凡,写得一手好诗,他还烧得一手好菜。李白亲手做了一道鸭子,被唐玄宗赞不绝口,赐名『太白鸭』,列入御膳食谱。这道以太白命名的鸭子,因独特的配料和焖蒸方式,鲜美的味道流传至今。

李白有一种魔力,他的每一个毛孔里都会汩汩往外冒出诗句,但凡有人眼光落到这些诗句上,魂会被勾住,人会自动变成他的"铁粉"。这位谪居凡间的诗人,不但是文采超凡的"诗仙",还是豪饮的"酒仙"、功夫了得的剑客,除此之外,他还是一个烹饪高手,一不小心进了厨房,出手就获得皇帝的赞赏,并因此拥有了一款以自己名字命名的美食——太白鸭。

那是在742年,大唐最繁盛的年代,已过不惑之年的李白依然豪放不羁,时常骑着配银鞍的骏马去长安城里最受欢迎的胡姬酒肆痛饮。当时唐玄宗的妹妹玉真公主和在朝廷做官的诗人贺知章是李白的"铁粉",在这两人的极力推荐下，唐玄宗被李白的诗句打动，当即下旨征召李白进宫，并且给予亘古未有的礼遇：唐玄宗在金銮殿迎接李白，不但赏赐贵重礼物，还亲自调羹赐食。问起时政，李白对答如流，唐玄宗大喜，命李白为翰林供奉，陪在天子左右写诗为文。

对于李白来说，皇宫里的日子喜忧参半：喜的是奉诏填词，记录奢华的皇室生活，作品被竞相诵吟；悲的是玄宗只欣赏李白的文采，却并不看重他的政治才能，时常对他的政治主张不理不睬，如此一来李白"直挂云帆济沧海"的政治抱负眼看要搁浅。焦虑彷徨中，李白发现要接近唐玄宗，就要投其所好，为皇帝做点好吃的。

做什么好呢？唐玄宗的御厨里鲂鱼、鲑鱼、鹿肉、生蟹、车螯、蛤蜊、白鱼、粱米、槟榔、细茶、干姜、柑橘、乌梅、荔枝、枸杞、酸枣、甘蔗、白藕、香蕉等海味珍鲜、山肴野蔌是应有尽有。从光禄寺到尚食局，无数的人都在忙着打理皇室饮食，也许是甘脆肥浓之食吃多了，唐玄宗不喜欢辛香浓烈的味道，却倾心于用盐梅调和，保持食材新鲜本味的菜肴。

李白冥思苦想到底为唐玄宗做点什么才好，猛然间灵光乍现，年轻时在四川吃过的一道焖蒸鸭子像闪电击中了他。李白在四川生活了一二十年，四川的山山水水、风土人情、美食佳酿无时无刻不牵动着他的思绪，在他的记忆中，那道鸭子算得上人间至味，他深信这道菜一定能打动天子的味蕾！

跟他写诗一样，李白的烹饪功夫也有如神助。他当即吩咐御厨准备了一只三斤重的大肥鸭，开始制作。

这款鸭子从选材到制作都浸透着四川人的精明和执着。准备工作很讲究，先将鸭子宰杀，开膛除去内脏，拔毛洗净，斩去鸭脚。烧一锅水，等水沸腾了，把鸭子投入锅中烫一下，这时要全神贯注盯着，等鸭子在滚烫的水中稍微变硬，马上捞出。再过几次清水，清洗掉血污，沥干水分。经过冷热几次除水，鸭子的腥膻味已经荡然无存。

然后是陈年的黄酒、盐、胡椒粉上场，用这些作料仔仔细细抹匀鸭子的里里外外，涂抹的时候像做按摩稍稍用力，按摩加上酒的助力，鸭肉能很快吃进作料。

随后，将鸭子放入罐中。一把青葱打上一个充满诗意的结，姜切成薄片，连同盐、糖、枸杞和三七齐刷刷投入罐中。这里原本属于中药的枸杞、三七的加入绝对是神来之笔，是对古已有之的"药食同源"饮食观的完美实践，食物可作药物、药物可供食用，中国烹饪的绝妙就是让人吃着吃着病治好了、身体棒了！

接着向罐中注入热水，再用厚纸封住罐口，把罐子放入蒸笼中，旺火蒸制三个时辰。今天的"汽锅鸡"与这种隔水蒸非常相像。三个时辰后，揭开厚纸，即有异香扑鼻，迅速捞出葱结、姜片，趁热连汤带鸭子另外装盆盛出。

只见鸭肉带着不易察觉的粉色娇羞地卧在奶白色的浓汤中，三五颗枸杞浮在汤面上，红得有些惊艳。入口，独特的鸭肉香就直冲脑门，随即三七淡淡的苦甜味一波荡来，轻轻一嚼，鸭肉绵实不柴，滋味甘美无比。

"妙！"唐玄宗品尝后赞不绝口。一边吃一边询问李白，这鸭子为何如此鲜美。李白声情并茂将鸭子的制作描述一遍，还借机以烹调技法论安邦治国之道。李白说了一大通，唐玄宗的注意力却始终都在鸭子上，他喝口汤开心地问李白这道菜的菜名。李白回答："臣听川人称焖蒸鸭子。"唐玄宗哈哈大笑，说："焖蒸鸭子太过平庸，如此美味，由你制作，朕赐个名就叫'太白鸭'吧！"李白，字太白，唐玄宗是用李白的字命名了这款菜。自此"太白鸭"被列入御膳食谱。

让李白万万没想到的是自己煞费苦心做出来的一道美味，仅仅打动了唐玄宗的味蕾，最后以他名字命名的"太白鸭"留在了御膳食谱上，他的政治理想却依旧无处施展。

杜甫邂逅
银丝脍

美食与诗人相遇往往会迸发出诗意，所幸身处大时代的"诗史"杜甫将与银丝脍的每一次相遇都演绎成充满感情的诗句，细读这些诗句便能品尝到银丝脍的纯净滋味。

他的吃亦犹如他的诗：沉郁顿挫！

杜甫，大唐勤奋的高产作家，七岁开始创作，到五十九岁去世，一共创作了一千四百多首诗，其中有四百多首与饮食相关。作为将饮食题材大量引入诗歌的开拓者，他的笔触时不时就会点到吃，无论是觥筹交错的宴会、好友相聚的平常饭，还是潦倒中的饥寒，一餐饭、一盘菜、一枚果、一顿酒……都能让他诗兴大发，从细微处表现自己身处的波澜壮阔的大时代。杜甫的诗被尊为"诗史"，他传世的饮食诗往往是对吃最具情怀的诗意表达。

杜甫本是名门之后，祖父杜审言曾在武则天时期出任膳部员外郎，负责宫廷祭祀用的酒膳，这或许是杜甫美食基因的源头之一。二十出头，杜甫就开始各地优游，虽然仕途坎坷，但是一点不耽误他拥有一个庞大的社交圈。杜甫与朋友之间的互动特别多，从他的诗作看，美食佳酿大多与朋友聚会如影随形：有人来访，好客的杜甫是倾其所有接待；外出游历，朋友们亦是尽心设宴款待。幸运的是林林总总的美食大多被多愁善感的杜甫用诗意的文字记录了下来：他的诗作中既有开元盛世"稻米流脂"的富庶，也有战乱中"野果充粮"的悲怆；他好奇四川人"顿顿食黄鱼"的风俗，哪怕尝到春天新剪的韭菜他也会喜不自禁……而对于特别喜欢吃鱼的杜甫，银丝脍绝对是他不可替代的心头所爱。

753年初夏的一天，客居长安多年、郁郁不得志的杜甫和好友、唐代著名高士——郑虔（字广文）一起游览长安的何将军园林。一路游过，无限风光让杜甫诗兴喷涌，用组诗《陪郑广文游何将军山林十首》倾诉自己的感受，其中的第二首写到了银丝脍。杜甫首先描写美景：宽阔的水潭上有风掠过泛起粼粼波光，挺拔的树木郁郁葱葱、枝繁叶茂；沉甸甸的果子压低了枝丫，有鸟巢在浓密的绿叶间隐藏。接着诗句转到了吃上，如此美景中，杜甫他们竟然品尝到鲜活的鲫鱼做的银丝脍和碧绿的香芹羹。杜甫不由得连连感叹：这哪里是在长安，分明是在吴越之地吃晚饭！

杜甫想起自己当年二十出头风华正茂时，满怀梦想在吴越游历，曾经邂逅银丝脍，从此这道银丝脍就如保有活力的种子蛰伏在心间。而今人到中年的杜甫在何将军的招待宴上再次遇见银丝脍，意外惊喜中，记忆的种子被味蕾激活，曾经的味道穿越多年时光重现，于是，他的思绪雀跃着回到从前。

时光飞逝，大唐王朝在安史之乱结束后迎来了久违的安宁，杜甫冒死投奔唐肃宗，终于从一个看守军械的小吏升至负责监察事务的左拾遗。然而好景不长，因为替好友辩护，他触怒唐肃宗，惨遭贬官。758年冬天，贬谪途中，杜甫路过阌乡县，受到好友、负责消防治安的县尉姜七的热情接待，隆冬季节筵席上再现银丝脍，好友的盛情对落难的杜甫是最好的慰藉。这次，杜甫在感动之余用一首长诗为冬天的银丝脍盛宴做了动情的记载，歌咏这人间难得的纯净滋味。

天寒地冻，寒风凛冽，水中取鱼实属不易，姜七设鱼宴款待杜甫，真挚情谊可见一斑。渔夫冻河中取鱼已经展露了高超技艺，厨师治鱼的刀法简直让人叹为观止：悄无声息中快刀剔除了鱼骨，将鲜鱼切成薄片、细丝，转眼透亮的鱼丝卧在碧绿纤细的葱丝中装盘呈现。这道美食究竟造型有多漂亮、味道有多出彩呢，杜甫说好吃到等大家放下筷子都没察觉盘子已空。至味，魅惑人于无形之间，杜甫无可救药地被银丝脍再次俘获。

体验过仕途艰难、经历过时局动荡，杜甫的饮食诗可以算是大唐饮食笔记，他往往以"诗史"的眼光去打量食物，然后以叙事的方式介绍饮食场景、菜肴、器具等，让食物成为故事核心。杜甫描写银丝脍的诗句，简洁中透着很多温

暖，想到银丝脍的杜甫变得平心静气，笔触在淡雅中滴落深情，他对银丝脍的喜爱深沉而有节制，含蓄而刻骨铭心。他不过多涉及烹饪细节，不过度摹写美食的形态、口味，却总是宕开一笔，细腻地围绕银丝脍描写吃的感受，将笔墨落到美食引发的情感体验上，刻意为银丝脍的色、香、味预留出巨大的遐想空间。

银丝脍在唐代深受追捧，追寻杜甫的描述，探其制作过程可以推知银丝脍与今天的鱼生相似度达百分之九十。食材选用刚刚打捞出水、活蹦乱跳的鱼，从选材上保证鱼生的新鲜；然后刮掉鱼鳞，剔除鱼骨，剖洗干净。接下来是银丝脍最勾魂的制作环节：雪亮的快刀如疾风一般插进鱼肉，凛冽的刀锋让鱼肉瞬间变作薄如蝉翼的薄片；将鱼片叠放整齐，快刀再次出击，手起刀落之间，鱼片已经再次变形成了银针般的细丝。银丝脍是被一把刀成就的一道菜，运刀快慢有节奏、提按合韵律、轻重依章法，刀工技艺通过改变鱼肉的形状为银丝脍注入了灵魂。鱼丝被轻轻码放到一丛碧绿的葱丝上，晶莹剔透闪着银色光芒，唐人这道银丝脍的摆盘充满高级极简风的魅力，简约而生动。未经过高温烹饪的银丝脍仍然保持着生鲜特质，颜色冰艳如银、味道爽然清甜、口感柔嫩鲜脆，难怪会让杜甫心心念念！

以"银丝"命名这款鱼鲜逼真贴切，显示出大唐的审美趣味。银丝脍的制作有相当难度，食材和刀工是制作银丝脍的关键，有时候即便找到鲜活的鱼，没有技艺高超的厨师，也吃不到地道的银丝脍。杜甫几次邂逅银丝脍都是因为有朋友的款待。兜兜转转，无论怎样的命运多舛，杜甫却总能机缘巧合遇见银丝脍，从这一点上讲，他其实是很有些运气的。

唐朝时期经济发达、文化繁荣、国力强盛，作为"诗史"的杜甫笔下米饭、鱼肉、菜羹、瓜果……水陆珍馐林林总总，而仔细琢磨，总觉得这款银丝脍与他的个性最搭：不经过太多的烹饪，保持食材最本真的滋味；以超凡的刀工刻画食物的形态美；表面晶莹清爽，入口劲脆回甘，一如杜甫诗，在抑制中沉淀着喷薄欲出的情感。

陆龟蒙钟爱的甫里鸭羹

陆龟蒙在归隐期间爱上了一项唐朝流行的游戏——斗鸭，于是他养了很多鸭子，那些缺乏战斗能力的鸭子就成为新鲜食材，用来款待好友，这其中最有名的菜肴就是流传至今的甫里鸭羹。

大唐盛世，出文学家，也出美食家，而且一茬茬文学家仿佛都争相在各种繁荣昌盛、光辉灿烂、时乖命蹇、坎坷挫折中把自己修炼成美食家。

到晚唐，隐逸派诗人的代表陆龟蒙拉着耕犁、以几万册书为背景闪亮登场。是拉着耕犁，没错！因为陆龟蒙不但能写出"几年无事傍江湖"这样闲适味十足的诗句，还撰写了一本具有里程碑意义的农学经典《耒耜经》，专门介绍大唐那些居于全球领先水平的犁、耙、碌碡等农具。

至于那几万册书做背景，是因为陆龟蒙是晚唐数一数二的藏书家，他癖好藏书，家中藏书颇为丰厚，多达三万多册。他爱书到甘愿做书痴、书奴的地步：每每得到一本书，他必视若珍宝，熟读背诵后仍不甘心，还要亲自校对抄写，给书准备个手写副本进行保存。对愿意读书的人，他大方出借，若还书时发现图书有破损，他会心痛地立即修补。

就这两点是不是已经感觉陆龟蒙很厉害？的确，陆龟蒙出身名门世家，家庭优越，天资聪慧，从小就受到很好的教育，家里为他做的既定生涯设计就是：读书→做官→做大官。到二十出头他就博览群书、精通典籍，为效仿祖辈继续当官做好了准备。等他雄心勃勃踏上看似坦荡的仕途，无情的现实却跟他开起了玩笑：初次赴长安应举铩羽而归；再次赴京应试，半路就遭遇叛乱停考；游历多年，希望以诗文打开仕途，却一直未能有效地引起朝廷人事部门的注意……过了不惑之年，心灰意冷的陆龟蒙抱病回乡，自此开始了一段充盈着闲情雅趣、让后世羡慕不已的隐逸生涯。

进入隐逸状态的陆龟蒙人生就此开挂：他自号"江湖散人"，终日与诗、书、酒、茶为伴，与好友皮日休一起搞了个"皮陆"组合，热火朝天进行诗歌创作，流传至今的六百多首诗歌，大部分写于隐逸时期：放牛、割麦、打稻、养蚕、钓鱼、喝茶、饮酒、做饭，歌陋巷、赞豚肥、唱渔樵……把平常日子通通歌咏成诗。而那本介绍农具的大唐农学宝典《耒耜经》也在此时写成。陆龟蒙可不是一般的享受型隐者，他深入田间地头，积极参与各种农事活动，耕田、垂钓、养鸭，一边干活一边琢磨，将自己修炼成唐朝顶尖的农事专家。隐逸生活还给陆龟蒙带来一份福利,那就是让他能有一个自由的时空去肆意地实践自己的美食想象。

陆龟蒙出生在松江甫里,就是今天苏州的甪直镇,他自号"甫里先生"。甫里先生在归隐期间爱上了一项大唐流行的游戏——斗鸭。放诞不羁、到处问逍遥的陆龟蒙是一个斗鸭高手,他在自己的田园里面饲养了一栏斗鸭,时不时邀请友人相互斗鸭取乐。有一次,一个小官员路过鸭栏看到那么多鸭子,一时兴起,用弹弓杀死了一只鸭子。陆龟蒙见状正好逮着机会逗个乐子,他一本正经地写了个奏本说:这鸭子身怀绝技,正准备进贡给朝廷,却无端被杀。那小官员一听,自以为闯了大祸,当即吓得哆哆嗦嗦掏出身上所有银两,想封口了事。陆龟蒙随即烧了奏本,摆酒安慰小官员。席间小官员战战兢兢打听那死掉的鸭子有啥绝技,陆龟蒙沉稳地说:"那鸭子会说人话。"小官员一脸惊诧问:"说啥?"答:"那鸭子会说自己的名字。"这下小官员恍然大悟自己上当了,愤然起身离席。陆龟蒙赶忙叫住,还了他银两,解释不过是开个玩笑。小官员才重新回座,继续喝酒吃肉。

话说鸭子养得不少,其中有一部分真不是斗鸭,而是缺乏战斗力的肉鸭,陆龟蒙就琢磨怎么用这些肉鸭做点好吃的招待好友皮日休,他这一琢磨不打紧,一道流传至今的"甫里鸭羹"横空出世。

鸭羹当然选成熟肉鸭,剖洗干净后,连同鸭胗,加上带皮火腿、猪蹄筋一同用清水煮过，捞出。转入砂锅中，加葱、姜煮熟。凉后，捡出葱、姜，捞出鸭子、火腿、猪蹄筋等；鸭肉剔骨切块，鸭胗、火腿切片，猪蹄筋切条，重新装入原砂锅汤汁中，加盐，文火焖至酥烂。

甫里鸭羹制作时选料出奇、搭配精妙，田园鸭是主角，也没忘记捎带上精致小巧的鸭胗；火腿肉的加入是亮点，经过腌制的火腿，颜色亮丽，风味独特，只需薄薄几片就能诱导出咸鲜之味；猪蹄筋的加入好似锦上添花，它为汤汁的醇厚立下汗马功劳。在制作工序上对食材进行层次化处理：鸭肉剔骨切成块，敦实的块状更能突出这道菜的主题；鸭胗切片，通过刀工改变鸭胗肌理的韧性；切成薄片的火腿能更好地释放发酵后的芳香；猪蹄筋切条则是顺势利用了食材原本的形状，让其经过高温加工仍能保持弹性十足的完好形态。针对食材特性，块、片、条，采用不同的刀法处理，能最大限度地挖掘出不同食材融合后产生的新滋味。烹饪不贵单一、贵综合，汇天下食材、创别样美味，陆龟蒙应该是深谙此道。

要说这道甫里鸭羹最大的特色已经含在名字中，"羹"字从"羔"、从"美"，指五味调和的浓汤。这鸭羹，开盖即香味四溢，长时间文火慢炖让稀薄的汤汁变了模样，呈肥浓醇厚的糊状。文火没有攻击性，让大块鸭肉外形完好如初，肉质却已经酥烂。连肉带汤汁品一口，鸭肉特有的清香、火腿的咸香、猪蹄筋的润滑，霎时在唇齿间开出几朵花。

所谓失之东隅、收之桑榆，中国古代多少文人因为仕途受挫而转战饮食界，书写一篇篇让人垂涎欲滴的诗文，留下数不胜数的佳肴珍馐，编织起一个又一个精彩的美食传奇。

大宋皇帝说：我们都爱吃羊肉

宋朝皇帝一位接一位继承皇位，也相应地继承了先辈饮食习惯上对羊肉的热爱。在大宋宫廷美食中有一道宋太祖招待吴越王钱俶的羊肉「旋鲊」，口感丰盈饱满，肥浓鲜香之味绵长。

要问宋代人最喜欢的肉食是什么，百分之九十九的人可能会回答：羊肉！在宋代，无论宫廷御膳、贵族宴饮，还是百姓餐食，吃羊肉蔚然成风。宋代人对羊肉出奇的喜爱，在中国饮食史上可谓一枝奇葩，想大宋时期经济发达、商业繁荣、物产丰富，鸡鸭鱼肉、山珍海味，目不给视、无所不有，全民热捧羊肉几百年实在有些不可思议。追其究竟，原来是皇帝们都爱吃羊肉。

大宋立国伊始，百废待兴，宋太祖励精图治，希望一切从简。尚简之风"嗖"地刮到厨房，御厨肉食供应几乎是清一色的羊肉。宋太祖自己爱吃羊肉不算，还把羊作为奖赏赐给大臣。一次因满意某大臣的进言，龙颜大悦，一下就大方地赏了一百只羊。不仅如此，羊在宋太祖那里还成为珍贵的外交馈赠礼品，他送给南唐中主李璟的生日礼物中就有一万只羊。

宋真宗继承了祖先爱吃羊肉的基因，但是他升级了这个爱好，他喜欢吃羊羔肉，只是他这个爱好因一件母羊自杀事件而中断。一次宋真宗外出途中，见一只母羊倒毙路边，很好奇，问左右。答："这只母羊的小羊羔今天被宰杀了。因为现在大家都学皇上喜欢吃小羊羔的嫩肉。"宋真宗听后惨然不乐，没想到自己的爱好引起了蝴蝶效应，自己在皇宫里吃几口羊羔肉就引得民间争先效仿，他痛定思痛，自此不再为自己的口腹之欲宰杀羊羔。即便如此，宋真宗御厨里羊肉的消耗量也多达每年数万只。而且宋真宗对官员还很体贴，曾经下诏规定：凡是不带家属在异地任职的官员，每月俸禄之外，能得到二至二十只羊作为额外的补贴。

以勤政节俭创下清平盛世的宋仁宗对羊肉的热爱不逊于先辈。虽然宋仁宗在位的时候对西夏、辽的战争是屡战屡败，都以纳币求和收场；启用范仲淹改革不成功，国库空虚，日子过得紧巴巴，但是羊肉依然是宋仁宗心中的最爱。一个早上，宋仁宗偷偷告诉近臣，自己前一天晚上因饿了想吃烧羊肉夜不能寐。近臣问他："为啥不降旨喊御厨做呢？"宋仁宗说："要是我这样，担心以后大家形成深夜宰杀之风，那得祸害多少羊啊！"皇宫里的烧羊肉不知是何等滋味，害得皇帝梦萦魂牵。不过宋仁宗的节俭仁慈貌似有些惺惺作态，据史料记载，宋仁宗的御厨最高峰时每天要宰羊二百多只，年消耗羊十万余只，羊肉真没少吃！

御厨用羊肉是祖宗家法，宰相吕大防在为宋哲宗讲读时说得很清楚，大宋祖宗家法很多，包括不尚奢华、虚心纳谏、不好田猎、不用玉器，饮食上不追求奇珍异味，御厨里只用羊肉，等等，遵守祖宗家法，才能致天下太平。吃羊肉能保太平、坐稳江山，宋哲宗听后欣然从之，没说的，御厨里是"咩"声一片。

到南宋宫廷，尚简风越吹越弱，纵然偏安淮水以南，皇帝对羊肉的爱好却是一如既往。宋高宗的武将张俊投其所好，大摆宴席招待宋高宗，宴席上其他佳肴自不必说，光是羊肉类菜肴就有羊舌签、片羊头、烧羊头、羊舌托胎羹、铺羊粉饭、烧羊肉、斩羊等，宋高宗吃得不亦乐乎，张俊也因这场顶级奢华的宴会大出风头。

宋代皇帝们对羊肉的痴迷引起全社会的仿效，让皇帝们意料不到的是，虽然牧羊业发展迅猛，也架不住全社会跟风吃羊肉，尤其是南渡之后，羊肉愈发走俏，贵族和殷实之家才吃得起，普通百姓大多只能"望羊兴叹"。

说了那么多，来个文末彩蛋，介绍一款大宋宫廷羊肉美食：旋鲊。话说北宋刚刚建立，宋太祖赵匡胤的皇位还温乎着，被北宋收编的吴越国王钱俶就跑去开封朝拜。宋太祖一看人家打南面大老远来，好不开心，马上命御厨做一些南方菜肴好好招待。御厨得令后却犯了愁，皇宫里到处都屯着羊肉，上哪儿去找原材料做南方菜肴？但面对皇帝的命令，御厨们只能是：有要做，没有也得做！要不说御厨就是御厨，没有两把刷子哪敢在皇宫里面混。情急之中，御厨灵机一动：北方食材用南方烹饪方法，做出来的一样可以叫作南方饮食。又快，又南方，"旋鲊"最合适。他们当即挑出最肥嫩的羊肉，剁碎了，撒一些盐、椒、酒糟腌制好，锅里放点油快速焐炒至熟。这创新菜一做好，御厨就惴惴不安等着反馈。油汪汪、香喷喷的高仿版"旋鲊"一端上桌就吸引了众人的目光，浓郁的椒香混合着嫩肥羊的甜美之气扑鼻而来，仔细分辨，细碎的羊肉颗粒分明，每一粒都挂满酱汁，闪闪亮亮地挤在一起挑动食欲。宋太祖跟吴越王钱俶品尝之后，对新奇的滋味那是赞不绝口。此后，太祖下令，这道羊肉"旋鲊"进入宫廷菜单，成为御宴必配。

"旋鲊"本是南方名菜，旋，"快"的意思；鲊，腌制过的鱼肉。一般选新鲜鱼等稍加腌制后快速加工至熟即可，鱼肉多汁鲜嫩，口感绝佳。宋太祖的御厨用羊肉代替鱼肉制作的"旋鲊"，腌制过的羊肉经过快速焐炒，成色、口感与鱼肉"旋鲊"相比别有一番风味，虽然作料相似，烹饪手法相同，羊肉"旋鲊"因有更多脂肪的润泽，吃起来口感更丰盈饱满，回味起来肥浓鲜香之味也更绵长。难怪宋太祖会一尝就称好。

说到这里，仔细分辨，文艺得让人有点费解的羊肉"旋鲊"其实就是羊肉酱！

苏东坡和他的东坡系列美食

文学界的顶级美食家，仅凭一碗肉就奠定了在中国饮食文化史上牢不可破的个人地位的，除了苏东坡，再无二人。

北宋著名文学家苏轼，号东坡居士，世称苏东坡。苏东坡一生颠沛流离，揣着一颗爱吃、善吃的心行走天下。走出家乡四川眉山后，他的足迹遍及河南、陕西、山东、江苏、浙江、河北、广东、海南、安徽、湖南、湖北等地。无论是赶考、上任、遭贬黜、被流放，豁达坚韧的苏东坡总能进退自如、宠辱不惊，抓住机会了解各地饮食风俗、亲身体验八方美食，甚至亲自参与美食实践，创制出独步天下的东坡系列美食。

祸福相依，本来的朝中高官被贬至湖北黄州做团练副史，官场失意的苏东坡并没有被压倒，对于内心强大、天性乐观、爱吃的人，落难不过是小菜一碟，拮据的生活成为苏东坡美食实践的触发器，岁月艰难，吃心依然，不过得欢心一些怎么对得起遭贬黜流放！

北宋时期，中原地区居民的肉食结构多元化，也就是说从家畜、家禽到水产、野味，只要是肉统统入口。但是，因为受到朝廷吃肉偏好的影响，这其中羊肉最受欢迎，猪肉却不太被看好，社会上甚至流行贵羊贱猪的风气。对于落魄的苏东坡一家来说，吃羊肉奢侈得实在有些遥不可及。苏东坡是不择不扣的肉食爱好者，曾经因得眼疾被告诫不能吃肉，他却说：我心里想不吃，嘴却不愿意，因为生点病剥夺口福，不可以！没有肉吃是伤身又伤心，但穷则思变，经过细心观察，苏东坡发现黄州地界因为富人不肯吃、穷人不会做，猪肉便宜到不吃就是罪过的地步，于是因地制宜将美食实践的目标落在猪肉上。

如切如磋、如琢如磨，苏东坡在简陋厨房里捣鼓着那块肥瘦相间的带皮猪肉。只有真正的美食家才能拥有"懂得食材"的天赋，当苏东坡掂量着手中的猪肉时，眼中闪烁出伯乐一样的光，因为"懂"，才能体察到"价贱如泥土"的猪肉中潜藏的能量，知晓并珍惜食材的过往，以顺从自然的态度尝试新技法，开发人间至味。苏东坡，是美食家中的天才，有人生阅历的人才能真正懂得一块肉该如何打理，这块被轻视看低的猪肉经过诗意的烹饪，即将成为神话般流传的

"东坡肉"。

苏东坡的严谨已经深入骨髓，先清洗锅具，再往锅中注入适量的水后加作料放肉炖。苏东坡在《猪肉颂》中，专门分享了这款美食制作时掌握火候的窍门，"少著水，柴头罨烟焰不起……火候足时他自美"，至今这还是制作东坡肉的秘诀。火候是烹饪的命门，炉中燃上柴火，火不能太旺，用小火苗温柔地舔着锅底即可。烹饪如修行，耐心加虔诚。此时一定不能着急，任那一锅肉在火上慢吞吞咕嘟，文火煨炖，待火候足了，滋味自然香嫩酥烂、醇香浓厚。

炖好的肉每一块都色泽红亮似糖玉，浓稠的焦糖色汁液将肉包裹起来；咬开一口，能看到从外皮的焦糖色过渡到内层晶莹的沁色，随即有纯粹的猪肉香从肉的肌理之间喷发，没嚼两下，肥而不腻、酥而不烂的肉不知不觉间已在口中融化。

"好吃"已经不足以概括苏东坡对自己研发的这道菜的评价，他很不谦虚地给自己的煨炖猪肉打满分好评。且看他美滋滋炫出的自我评价："早晨起来打两碗，饱得自家君莫管！"意思是这肉好吃到炸裂：早起我就要吃两碗，敬请大家不要拦！一两句之间，爱吃的文人形象跃然纸上，这是一个实打实、接地气的美食家文豪！

除了猪肉，鱼也是苏东坡的心头好。关于怎么做好鱼，他有自己的心得：选取新鲜的鲫鱼或者鲤鱼，如果是鲫鱼要选鱼鳞是白色的，那才是活水鲫鱼，鱼鳞黑色的鱼生活在死水中，做出来味道不好。洗净鱼后用刀轻划鱼身，便于鱼入味和成熟，划的时候不能随便，入刀深浅相同，不能划破鱼皮，间距还要均匀，然后用盐腌制。将鱼与白菜心、数段葱白一起煎到半熟，在此期间为保持鱼的形状不得翻搅；再加生姜、萝卜汁、酒少许，三样东西用量相当，均匀放入后煮至鱼熟；起锅前有一步别具一格，加入切成细丝的橘皮，奶白遇见橘黄，些许橘皮丝在奶白色鱼汤中惊艳异常。这道"东坡鱼"的制作方式非常经典，后世以此为基础变换很多花样，但总归不会落下结尾处那一抹橘香味的金黄。

世间人大多爱吃，如苏东坡般的美食实践家却屈指可数。于常人而言，有呆子吃则吃矣，狼吞虎咽、风卷残云之际，往往囫囵吞枣、食不辨味；有纯粹吃货忘情油盐酱醋、麻辣咸鲜，沉溺于自我的口腹之欲；有木讷厨子刻板计较食材物象，纠缠配料、刀工、火候得失，忘记技艺精进应该与时俱进。凡夫俗子往往味蕾肥大，感知困顿，角色在呆子、吃货与厨子间辗转。而苏东坡用做、吃、写合一的美食态度，体察食材、烹调五味、品尝珍馐，凭一己之力打造出一片饮食新天地。

贬谪之地黄州变成了苏东坡的美食实验基地，黄州当地的食材让他脑洞大开，变身一个超级美食生成器，从东坡肉、东坡鱼、东坡肘子，到东坡羹、东坡豆腐、东坡饼……东坡系列美食被源源不断地开发出来。美食，好似困顿中的一丝光，暖着胃照亮前方。于苏东坡，所有的饮食文字、所有的饮食发明，都不过是他对周遭不同际遇的包容与和解，写作、绘画、从政、烹饪，皆举重若轻，却从不掉以轻心，他高高兴兴、尽心竭力把大事小情都做到极致。艰辛为料、旷达作火，正因此，"东坡肉"才能比肩"大江东去"成为传世珍品。

什么，拨霞供？

"拨霞供"到底是什么？先卖个关子，答案等一会儿再揭晓。先说说一个姓林名洪的南宋人，比苏东坡晚生了一百年的南宋美食家。林洪自称是北宋隐士林逋的第七世孙，这里出现一个烧脑的问题：传说林逋清高自适，隐居西湖种梅花、养仙鹤，梅妻鹤子，终身不娶，这七世孙从何而来？当时就有人认为林洪故意杜撰名人后裔，以抬高自己身份。不过经过后人考证，林逋可能有子侄过继，或义子随姓，或纳妾生子，也就是林洪完全有可能是林逋后裔。另外，宋代极其重视人伦纲常，按照常理推测，林洪这么一个清雅之人，不太可能为抬高身份乱认祖宗。

从热爱山林这一点看，林洪应该是遗传基因到位，只是与隐士祖先的恬淡孤高不同，林洪更乐于在山野中寻访美食，沉醉却不迷失于山野。饱读诗书、交游甚广、多才多艺的林洪把自己到处游历见到的美食述诸笔端，详细记录了菜、汤、羹、饼、粥、面等一百多款不同类型的美食，以及这些美食的烹饪方法。因他记录下的食材，从果蔬到动物大多出自山野，所以他给自己的笔记取了个雅致的名——《山家清供》。

这本《山家清供》不同于一般的美食书主讲烹饪细节，而是将笔触延伸到与美食相关的名人逸事、人文典故，像陆游、朱熹等都被作者请出来，兴致勃勃地活跃在《山家清供》的字里行间。此书精彩地复原了南宋的饮食文化风貌，烹饪细节镶嵌着故事，故事散发着鲜香味……放在当今，或许可以改名为"舌尖上的南宋"。

林洪这个美食作家有个小癖好，用命名的方式将自己骨子里的灵性传给与自己不期而遇的美食，比如：油炸蒸饼片形似酥脆的玉色树叶就叫"酥琼叶"，煨鲜笋好似鲜美的丛林精华就叫"傍林鲜"，芹菜羹碧绿如山间的水就叫"碧涧羹"，这里面当然包括开篇提到的"拨霞供"。一直觉得林洪是一个被低估了的美食家，他命名美食的方式，有一种超凡脱俗的灵性，显示出艺术家独到、犀利的审美眼光，像"酥琼叶"中有饼片的颜色温润如美玉，"傍林鲜"中的"傍"描摹出嫩笋相互依偎的柔媚，"碧涧羹"中的"碧涧"让青绿色芹菜羹流动起来……读《山家清供》，品一个个菜名，士大夫的心性、雅致书卷气藏匿其中，如一幅幅文人画渐次展开。

"拨霞供"的诞生源于林洪的一次美食奇遇。冬季的武夷山大雪纷飞，林洪冒着大雪上山去拜访隐士止止师，爱吃的人运气都不差，他竟然在风雪中抓到一只肥兔子。林洪高兴之余却又无奈地摇摇头，山中没有厨师来掌勺！正在遗憾，止止师却不慌不忙地说："山里做吃的很简单，稍微用点酒、酱、花椒等作料把肉腌制下，生好炉子，烧半锅水。待水开了，各自用筷子夹肉进汤里烫，等肉熟就可以吃了。吃的时候按照自己的口味蘸些酱会更美味。这样的吃法简便易行，围坐一起热热闹闹还能享受围炉共食的乐趣。"

于是，众人收拾好兔子，等水沸腾，便用筷子夹起切成薄片的兔子肉放进锅中。锅内氤氤氲氲，自成一烟云弥漫小宇宙，夹肉入水的一刹那，就像是在用筷子拨开清雾。薄薄的肉片被高温的水一激迅速打卷，原本浓艳的殷红一瞬间翻成俏丽的桃粉红。随自己的喜好，烫肉的时间可长可短，嗜好全熟的人可以让肉在高温水中尽情翻滚以追求肉质的劲道；醉心于生鲜的人则缩短肉的烫制时间，以图七八分熟的鲜嫩。待得兔肉打卷的成熟度已然适意，用筷子将小小的肉卷夹出锅来，再把染上薄薄酱椒香的肉卷，投入小碟蘸些许蘸料，肉卷在急速降温的同时吸饱蘸料。此时尝一口，便如神仙拦云卷入口，清、鲜、嫩、滑、香，个中滋味只能留待各位去遐想。

在林洪眼中，屋外白雪皑皑，屋里炉火暖融融，烫熟兔肉的过程如在仙境中撩拨云霞，简直唯美得像是艺术创作，所以叫它"拨霞供"！烫肉蘸酱的吃法十分简便，却被林洪很文艺地以"拨霞供"的名字记载下来。这种将厨房与餐桌合二为一、个性十足的"拨霞供"流传至今，解开谜底，"拨霞供"就是如今在神州大地上家喻户晓、遍地开花的"涮火锅"。

营养师
忽思慧
如是说

秉承传统中医"治未病"的观念，元代宫廷御医忽思慧写了一本传世大作《饮膳正要》，内容集养生、药物、食疗、烹饪为一体。食疗部分有不少根据帝王的饮食偏好整理的药膳方，像"马思答吉汤"就是其中既好吃又养生的明星药膳。

食见中国

忽思慧是个神秘人物，虽然曾经在宫廷充任饮膳太医，写了本传世大作《饮膳正要》，但史书上却没有关于他的生平介绍，甚至连名字都在"忽思慧"和"和斯辉"之间飘忽不定。

忽思慧的神秘并不妨碍《饮膳正要》成为一本了不起的食疗宝典，而这本书能面世也许得益于忽思慧的天赋与元朝大时代的因缘际会。元时，国家幅员辽阔，多元文化交融，这为各地饮食文化的交流提供了条件。

从现存关于忽思慧的只言片语中可以知道，在天下大一统、文化大交融的背景下，忽思慧曾在元仁宗的宫廷里担任饮膳太医，主管宫廷饮食、药物滋补等事宜，这个职位相当于宫廷营养师，亦医亦膳，综合了中医师、保健师、厨师等不同角色。元仁宗在位期间推行儒术、整顿朝政、恢复科举、编撰法典，孜孜为治，颇有一番作为。作为元仁宗的御医，忽思慧如鱼得水，有机会广泛接触形形色色的人物、五花八门的食材药材，他应该是用心之人，在此期间积攒下满肚子的营养卫生、饮食保健、烹饪技艺知识。后来忽思慧结合历代名医方术，针对宫廷各种动植物食材和药材，编撰出《饮膳正要》。

元文宗即位后，在大都创建奎章阁，把当时的饱学之士聚到一起开展轰轰烈烈的文化整理、开发工作。奎章阁学士们的工作卓有成效，他们收集古玩珍宝，储藏、刊刻图书，整理保存了大量的元代文物典籍。借此东风，《饮膳正要》得以刊刻面世。

作为御医的作品，《饮膳正要》为皇亲国戚量身定做，那时的元朝宫廷应该是心急如焚等着一本养生宝典的指导。《饮膳正要》成书的年代正逢元中期，元朝建国后短短的几十年间，先后有多位皇帝登上皇位，皇权更换犹如走马灯，各界官员频繁更换调整，动荡可以想见。皇位频繁更迭除开皇权争斗的惨烈，皇帝体弱多病、短寿是不争的事实。元世祖忽必烈终年八十岁，但他的去世好像带走了整个皇族的长寿基因，在他之后皇帝的寿命竟然呈明显的下滑走势。

皇帝们短寿有诸多原因，其中有一个重要原因是对环境的不适应，蒙古族是北方游牧民族，长期生活在碧草连天、羊肥马壮的草原，饮食上肉食偏多。中原自然生态环境与北方有很大的差异，饮食习惯也大相径庭，但皇帝们并没有遵从入乡随俗的古训，改变多吃肉的饮食习惯。在中原地区，继续沿袭游牧民族的生活方式，显然会对身体不利，再加之坐上皇位后的各种焦虑，无异于雪上加霜，皇帝们被逐个击倒！几位皇帝都是英年早逝，寿命平均不到四十。

皇室危急关头，为皇帝的健康保驾护航的重任落到御医的肩上。传统中医的健康观是"治未病"，与其等皇帝病入膏肓无可救药，还不如未雨绸缪防患于未然，忽思慧为皇帝们编写集养生、药物、食疗、烹饪为一体的《饮膳正要》算是切中要害。

三万多字的《饮膳正要》可谓面面俱到，囊括了元代宫廷饮食结构的变迁，植物、动物、营养、食品加工等内容。这本宫廷养生宝典主要讲：一、养生忌宜，如孕产保健、饮酒注意事项、四季饮食、食物中毒；二、荟萃宫廷食谱、药膳方、修道炼丹方；三、介绍几百种食物本草的特点、食疗价值、制作方式、饮食忌宜等，还贴心地为各种动物和花花草草配上插图。忽思慧的写作是医家本色，没有华丽的辞藻，行文类似开处方，"是什么——功效如何——怎么做"，言简意赅，目的就一个：请皇帝顺应四季变化，节慎饮食，起居不妄，使以五味调和五脏，保得精神健爽、心智安定。

要说御医一定也不好做，既要为皇帝的健康保驾护航，又要兼顾到皇帝的口味爱好。如果成天以健康长寿的名义让皇帝吃苦吞药，即便明白良药苦口，皇帝也不会在喝药的时候赏御医一个好脸色。不清楚忽思慧是经历了怎样的冥思苦想，才煞费苦心地整理出那么多投皇帝所好的药膳经典方，让皇帝的药不但不再苦口，还摇身一变成为美食佳肴。

为啥说忽思慧整理这些药膳方是煞费苦心呢，因为元代宫廷饮食的主旋律基本上还是羊肉，元朝宫廷饮食有规定：皇帝御膳每天要宰羊五只；皇宫御膳房分为小厨房、大厨房，小厨房负责烹饪那些不可多见的佳肴美馔，大厨房则承担重任负责日常餐饮，主要以羊肉为原料制作菜肴。为照顾皇帝祖传的饮食习性，《饮膳正要》中有大量的肉类食品，牛、羊、猪、马、驼、虎、熊、狼、豹、鹿、鱼等，都被视作肉食品原材料。但是在被记录的九十七种聚珍异馔中有七十六种是用羊肉制作的，羊肉的数量雄霸第一，占据元代宫廷肉类食品的大半壁江山。书中一些菜名没有带"羊"字的菜肴，如"瓠子汤""团鱼汤"等看似与羊肉无关，其实都以羊肉为主要食材制作而成。

蒙古人传统的羊肉烹饪方法比较简单，基本上是炖煮和炙烤，加点葱、姜等调料一拌就好。元朝入主中原后，掀起又一个饮食文化大融合的高潮，忽思慧在写作中对固有的北方蒙古族饮食方式持尊重但不盲从的态度，常常将北方的食材与其他地方的食材杂糅一锅，形成元代独特的膳食（汤药）口味。

"马思答吉汤"就是《饮膳正要》中的一款明星药膳方。烹饪方法既可以看作煲汤，也可以视作煎药：

选用一条羊腿，洗净后切成几大块。这种备料风格是地地道道的蒙古族风格，粗犷、豪放、实在！

然后添加草果、官桂、去皮的胡豆（蚕豆）、回回豆与羊肉一起炖，先大火沸腾，再改小火慢炖。

汤炖好后，过滤出汤汁，再加入粳米、回回豆、马思答吉，撒点盐继续文火慢炖。吃时，可放入香菜，汤汁更加鲜美。

药膳中用到的药引马思答吉是波斯语的汉字音译，其实就是从乳香树皮上渗出的树脂——乳香。乳香是产自红海沿岸的宝贝，忽思慧在介绍马思答吉这个舶来品时下了些笔墨，描述它"味苦香，无毒，去邪恶气，温中，利膈，顺气，止痛，生津解渴，令人口香"。忽思慧之前未见有记载马思答吉的文字，他不但率先推介了马思答吉的性味和食用情况，还以其直接命名了一款药膳，使得既是香料又是药材的马思答吉在元代宫廷备受青睐。

另外一种药引回回豆可是元代饮食中大受追捧的食材（药材），在《饮膳正要》中以它作原料制作的食品就有十多种，像"八儿不汤""木瓜汤""松黄汤""炒汤""黄汤""鸡头粉馄饨""鸡头粉血粉""大麦算子粉""珍珠粉""杂羹""荤素羹"等，这些汤羹里回回豆都是主角。回回豆原产于西域地区，其实就是鹰嘴豆。鹰嘴豆是一年生或多年生的攀缘草本植物，狭长椭圆形的叶子上覆盖着白绒绒的毛，开五瓣淡紫色的花，结出的豆子圆圆的带个好似鹰嘴的尖角，仔细看每一粒鹰嘴豆都像极了萌萌的雏鹰宝宝。忽思慧介绍说"回回豆，味甘，无毒"，可补中益气，治疗消瘦、虚弱、疲乏等症状。鹰嘴豆传到中原后，因其独特的口感，极高的药用价值，成为饮食界、医药界的宠儿。今天，不少维吾尔族医生仍把鹰嘴豆当作常用的药材之一。当然，鹰嘴豆也具有极强的可烹饪性，可用来煲汤、卤制、磨豆浆、发豆芽等。

按照忽思慧的推荐，这款马思答吉汤具有"补益、温中、顺气"的功效。作为御医，忽思慧深谙药疗不如食疗的中医精髓，对食物、药物的性状是了如指掌。马思答吉汤中的主料羊肉味甘、大热无毒，能健脾开胃、补中益气，有极高的药用价值，肥美的羊腿肉与远方来的马思答吉、回回豆一起，经过文火慢炖，药效被激发到极致，鲜美的口感也到达顶峰。羊腿肉细嫩鲜香的口感自不必说，汤中沉淀着马思答吉浓郁的香，烂熟的回回豆口感面、沙、软，更妙的是有豆沙融化后悬浮在肉汤中，让汤色变成半透明的奶白，朦朦胧胧地勾人食欲。这样的汤，估计皇帝喝一碗解不了馋。

大明美食研究谁家强

宋诩、宋公望这对出身书香豪门、他读诗书的父子联手写了一部堪称明朝生活小百科的《竹屿山房杂部》。此书饮食部分介绍了上千种食品及其烹饪方法，将明朝丰盛的饮食文化形象生动地呈现在纸上。这里推荐几款牛肉菜式，真的值得一试。

　　要论明朝美食研究的带头人，除了宋诩、宋公望父子，谁家还敢排第一呢？他们可是美食研究界的上阵父子兵。

　　大明时期江南松江府的宋氏家族是一个了不得的豪门望族。宋氏祖上是赵宋宗室，宋亡后，以国为姓氏，改姓宋。迁至松江后，宋氏家族沿袭重视子弟文化教育的传统，逐渐成为当地显赫的诗礼文章之家。出身望族的宋诩以自己的出身为荣，为光宗耀祖，他主笔第一次为松江宋氏一族修撰了家谱。

　　而宋诩真正遗惠后人的得意之作是与儿子宋公望一起编写的《竹屿山房杂部》。宋诩撰写了这部书中的养生部六卷、燕闲部二卷、树畜部四卷，儿子宋公望子承父业继续撰写了种植部十卷、尊生部十卷。这部书几乎就是明代生活小百科，尤其是宋诩执笔的部分，杀猪宰牛、油炒熏烤、煎水泡茶、植树种花、染发祛斑、洗衣灭蚊……他们使出读书人特有的钻研劲儿，贴心周到，洋洋洒洒，日常生活中吃到的吃不到的、遇到的遇不到的、想到的想不到的，统统被他们写到！

虽然出身书香豪门，这对饱读诗书的父子，没有埋头科举、被八股文耗尽天赋，没有仅仅把写作当作文人交际的工具，没有偶尔蜻蜓点水记录点各地奇风异俗，而是一头扎进饮食圈收集整理资料，实在是读书人中的一股清流。

《竹屿山房杂部》的写作时间大致在明朝万历年间，也就是明神宗在位的时候。明神宗是明朝在位时间最长的皇帝，长达四十八年。明神宗小小年纪登上皇位，初政的十来年，运气不错，遇到的都是名臣：谋略高手张居正任首辅，搞改革推行"万历新政"，把财政搞得很有起色；名将戚继光练兵驻守边疆，保障国土平安。政治稳定了，经济发展就犹如芝麻开花节节高。经济发展了，明代人爱吃、会吃的水平也就跟着水涨船高，当然也把开国皇帝朱元璋的节俭祖训抛了个十万八千里。

明代饮食文化的大繁荣还有个得天独厚的优势，就是随着经济文化的交流，尤其是海外贸易的拓展，各种新食材如玉米、土豆等络绎不绝来到中国，明朝人的饮食生活变得越来越多元化。当时大富豪家里请客，食材不再局限于本地土产，而是想方设法罗致各地奇珍异产，宴会上会出现南方的青蟹、北方的红羊、东方的虾鱼、西方的枣栗，来自四面八方的稀罕物齐聚餐桌，号称"富有小四海"。

作者宋氏父子对于饮食的兴趣来自生活的环境，他们的家乡松江属于吴越之地，吴越在当时已经是富庶得流油的天下美食会聚地，像兰溪猪、太仓笋、松江饭……都是名动天下的美食，各种基于当地独特的饮食口味不断翻新的菜肴也成为流行的饮食风向标。吴越之人在饮食上相当讲究，不独追求口味，还重视品味。比如，宴会中的摆盘要求华美精致上档次，针对不同的食品制作出专门的器皿，松江就曾流行一种"果山增高碟架"。这种架子可以将果品小碟层层叠加，堆成五颜六色的瓜果山，制造华丽盛大的美感，将明代的生活时尚和生活美学具体落实在餐桌上。

为什么如生活小百科一般的《竹屿山房杂部》历来受到饮食界的追捧呢？因为作者采用花式收录法，大包大揽介绍了上千种食品以及真的能让人眼花缭乱的烹饪方法，绝对是品类齐全、风味多样。作者不仅是收集者，还是研究者。他们在介绍食材及其烹饪方法时，细心周详地对不同的食材、不同的烹饪方法进行分类甄别，独特的落笔视角，投射出对饮食的新思考。

书中介绍酒，有如开了个豪华高级酒庄，里面各色美酒应有尽有：从"珀香酒""五加皮酒"到"桂花酒"，百余种酿酒方法，有些酒还贴心地介绍了酒的典故、酒的功效、

前人的评价等。看完这部分的感觉是直接醉倒。

说到肉食，刮起的是宇宙级风暴，禽、畜、鳞、虫等荤食荟萃，热热闹闹等着上菜："油炒牛""牛饼子"等十七种牛肉做法，"油爆猪""酱煎猪"等四十多种猪肉的做法，"坑羊""烧鹅""熏鸡"等多种家畜、家禽的烹饪法，鲟鱼、八带鱼、青鱼、鳜鱼、河豚、虾、蟹、蚌等五十多种水产品的烹饪法。正所谓天上飞的、地上走的、水里游的，都介绍了专门的烹饪方法，红案厨师学过手，能直接去掌勺。

饮食醋酱不能少，书中醋瓶子、酱罐子一打开就有"黄米醋""五辣醋"等三十多种醋的制法，"熟黄酱""豌豆酱"等二十多种酱的制法。

面点铺子里各色面食糕点一应俱全，有包子、馄饨、烧饼等面点百余种，南北面食、蜜糖制品云集一处，像"千层饼""松黄饼""雪花饼""油酥饼""山药糕"等光听名字就食欲大增，好些面食至今仍然活跃在我们日常餐桌上。

中华饮食历来重视荤素搭配，因此蔬菜瓜果摊也毫不逊色，瓠子、豆角、白菜、茄子等等蔬菜瓜果的烹饪法有四百多种；腌菜酱瓜，油醋和、酱渍香，忙得不亦乐乎。

都说有吃有喝，饮品是不能缺的，"不老汤""绿豆汤""甘菊汤""杏姜汤"等百余种饮品，营养丰富，既能生津止渴，又有药用功效，各饮品不但列出详细配方、制作方法，还贴心地说明了适合饮用的季节。如此周到用心的作者，必须是明朝一等一的"暖男"。

在美食王国成长起来的宋氏父子，耳濡目染尽是让人垂涎欲滴的珍馐美味。尤其是父亲宋诩因为世居松江，一直以家乡味为天下至味，后来又随家人在京师住了很长时间，口福多，见识广。《竹屿山房杂部》中南北兼采，各种美味洋洋大观，光是"养生部"中的美味就已经让人目不暇接。作者还是周全人，根据当时的实际情况，介绍烹饪法之前往往还教一些怎样宰牛杀猪、酿酒造醋的方法，这些今天我们已经不需要学；再缩小到肉食的制作，四十几种猪肉、五十多种水产品制作法，实在太多；飞禽走兽里，好些已经是濒危保护动物，动物园里去看看可以，不能有其他想法；但牛肉的十七种做法，真可以挑出来试一试手。

美食研究家宋诩介绍的十七种牛肉做法中，像牛肉干、牛肉脯、熏牛肉之类的操作起来费时费力还真有些难度，这里介绍几款易操作的菜肴。

"生爨牛"，不要被这个看得人眼花的"爨"字难住，它的本义就是生火做饭。做此道菜首先要观察牛肉的纹理，横着纹理将牛肉切薄片。然后用酒、酱、花椒等腌制片刻。生火烧水，要宽汤，等水沸腾，投入牛肉片并迅速捞起。将牛肉拌入早已做熟备好的鲜笋、葱头中，即可美美享用。这道菜现在叫作"汆牛肉"。

"油炒牛"，先把牛肉切成细丝，喜欢酱香味的加酱、生姜腌制，喜欢甜咸味的加盐和赤砂糖腌制；油锅烧热，放入牛肉丝快速翻炒，一熟即迅速起锅。这其实就是今天的炒牛肉丝。

"牛饼子"，千万别望文生义以为是牛肉饼。首先选比较肥的牛肉细细剁碎；再加胡椒、花椒、酱、白酒腌制；把腌制好的牛肉碎团成丸子投入沸水中煮，等丸子浮起来就成熟了，可捞起；用胡椒、花椒、酱油、醋、葱调汁，浇到丸子上，大功告成。所以"牛饼子"就是牛肉丸子。

这几个牛肉快手菜，操作简便、容易上手，若愿意按照大明美食家宋诩的这几个菜谱去做，出锅就是地道的大明美食！

“蟹会”会长张岱

张岱是自由雅逸的拥趸者，他身上吃、喝、玩、乐集齐，而且身体力行将自己吃成了大明朝以追求美食为人生至乐的标本式人物。秋天蟹肥的时候，张岱会成立『蟹会』，并自任会长，组织大家品蟹。

明朝万历二十五年（1597）秋天，一个丹桂飘香的日子，浙江绍兴城内显宦世家张家大宅里面响起一阵高亢的婴儿啼哭，这哭声宣告了明代最有趣的人（没有之一）——张岱的诞生。

仿若有文昌星住家护佑，张家连续几代都出饱学之士，张岱的高祖张天复是嘉靖年间进士、曾祖张元忭是隆庆年间状元、祖父张汝霖是万历年间进士、父亲张耀芳同进士出身副榜。诗书簪缨之族的张家，祖孙几代人都是善文工诗，还都多有著述，内容从文学、史学、经学、理学、文字学到地理学不一而足。

文艺在张家早已生根开花，枝繁叶茂中连空气都散发出艺术的芬芳，张岱基本上是在吟诗作文、观古玩珍宝、弄丝竹、听琴音、赏戏剧中长大。张岱生活的晚明，表面繁花似锦，骨子里却已经渐入枯槁。此时，商业文化气氛渐浓，反对理学、崇尚本真率性的社会思潮风起云涌，人们为这股个性解放思潮拍手称好，争相追逐凡俗享乐，尤其是读书人纷纷表示游山玩水、品茶饮酒、吟诗作画、看戏下棋……才是美好的生活。谁不愿意依循天性所感而行？张岱理所当然是自由雅逸的拥趸。

青春正好的张岱极爱繁华，他长期游历于南京、杭州、苏州、扬州等富贵地，鲜衣美食，生活浮华。诸如精美豪宅、美食佳肴、俊驹宝马、戏曲杂耍、珍奇古玩、花鸟鱼虫、喝茶下棋、读书吟诗……张岱是雅俗并揽、无所不爱。张岱既能与文士名流把盏言欢聊阳春白雪，也能与市井之人倾心交谈侃下里巴人，与生俱来的艺术细胞让他在不同的场景下与各色人等交流时能以异于常人的方式去打量、捕捉、体验并感受。

说到玩，估计明朝没有人能比得过张岱，春、夏、秋、冬四季变换，中华大地东、西、南、北、中，似乎总有无穷无尽的精彩与他如影随形：

元宵节在龙山赏灯，与寻常之家的普通纸糊竹灯不同，张家的灯用木头做骨架，用文锦做灯罩，装饰得五彩斑斓，百余个华丽的大灯挂满山谷，山下望如星河倒注，引得游人如织。张家人则在山中筑台，在流光溢彩中宴饮弦歌通宵达旦。

清明节下扬州看走马放鹰、斗鸡蹴鞠，赏琵琶古筝，观童子放风筝，听盲人说书，看美妇人头上山花斜插……张岱自比如在画中游。

七月半在西湖上把熙熙攘攘游人当风景看，等到月色苍凉，东方将白，众人散去，再纵舟湖上，酣睡于十里荷花之中，做个淡雅清香的梦。

中秋节呼朋唤友至蕺山亭，每人带美酒美食，大红毡毯往地上一铺席地而坐，主仆加一起人数多达七百余人。酒酣耳热时，百余人齐声同唱"澄湖万顷"，声如潮涌、响遏行云，仿若大明音乐嘉年华。

但是，张岱不同于一般的纨绔子弟、愚钝莽汉，玩了吃了就过去了。能玩出天际的张岱其实是明代响当当的文坛高手，凭《陶庵梦忆》《西湖梦寻》《夜航船》《琅嬛文集》《石匮书》等几十种著作享誉文坛；他还通音乐、晓戏曲，鼓吹弹唱样样在行；擅长绘画、书法、篆刻；通美食、懂茶道；鉴古董珍宝；养鱼、虫、花、鸟……张岱的玩尽显文艺范。当然，有豪门财富强大的支撑，张岱才能随心所欲地追求自己那些七七八八的文人雅好：

大雪三日，西湖中人鸟声俱绝时，他划一叶小舟，拥一团炉火，独往湖心亭看雪。

喜欢斗鸡，干脆在龙山下组建了个"斗鸡社"，赢了输了都自得其乐。

为听柳敬亭说书，专程到南京，下重金提前十天预订。

造大书屋一间，旁边设一卧榻，在院中栽上牡丹、梅花、西番莲、秋海棠，再搭上个竹棚。张岱自己坐卧其中，声称非高流佳客，不得入内。

因喜欢喝茶，张岱研制出一款"兰雪茶"，冲泡后茶汤颜色漂亮得有如山窗初曙、透纸黎光，若干年后，该茶竟然因为广受好评成为市场爆款。

但凡爱玩的人都爱吃，张岱身体力行，将自己吃成了大明朝以追求美食为人生至乐的标本式人物。仅用"爱吃"不足以描述张岱与美食之间的关系，他对美食是多情而不专一，喜新而不厌旧，终老一生与不同美食展开一场又一场恋爱：得不到时满怀憧憬寻寻觅觅；有音信时焦灼等待；到得眼前，小心翼翼珍惜每一个细节；待到过去，便心怀感念把美食变作文字留着永久纪念。这样的人，不是美食家，而是一个百分百的美食恋人。

为饱口福他搜寻各地美食，在没有快递的年代，等待，成为张岱美食之爱中不可或缺的一部分，有些远在天边的美食可能要翘首盼望一年才能到口，有些近点等个月余能一亲芳泽，那些只需数日即到的几乎就是张岱心中的美食速配。张岱成天心心念念，为口腹之欲谋划，他曾不无自豪地罗列过自己熟悉、喜爱的各地美食，长长的清单有如迎风摇花纷纷扬扬：

北京的苹婆果、大白菜；山东的羊肚菜、秋白梨、文官果、甜子；福建的福橘、福橘饼、牛皮糖、红腐乳；江西的青根、丰城脯；山西的天花菜；苏州的奶酪点心、山楂丁、山楂糕、松子糖、白圆、橄榄脯；嘉兴的马交鱼脯、陶庄黄雀；南京的则套樱桃、桃门枣、地栗团、莴笋团、山楂糖；杭州的西瓜、鸡豆子、花下藕、韭芽、玄笋、塘栖蜜橘；萧山的杨梅、莼菜、鸠鸟、青鲫、方柿；诸暨的香狸、樱桃、虎栗；嵊县的蕨粉、细榧、龙游糖；临海的枕头瓜；台州的瓦楞蚶、江瑶柱；浦江的火肉；东阳的南枣；山阴的破塘笋、谢橘、独山菱、河蟹、三江屯蛏、白蛤、江鱼、鲥鱼、里河鱿。

这张引人垂涎欲滴的清单是张岱年老时对自己好口福的回忆，北京、山东、福建……肉菜瓜果，不同地域的美食清清楚楚印在他的脑海里，细数起来，仿若在回溯一段段蚀骨爱情。

会吃不会吃，不是以盘中有无龙肝凤髓为标准，会吃，在一定程度上指的是对食物有充分的了解、足够的珍重，既有品得出七滋八味的味觉，也有懂得欣赏与品鉴的心。由此观之，张岱是会吃的人，而且他的吃带着浓浓的仪式感，彰显出十足的文艺范儿。

每年一进入农历十月，河蟹与稻子、高粱一样都到了成熟的季节，张岱知道吃螃蟹的最佳时期到了。拎几只螃蟹回家蒸了，随便蘸点醋下肚，那不是张岱的做法。对于一年一茬的螃蟹必须给予足够的重视，他以蟹为旗号和兄弟朋友设立了"蟹会"。明代文人结社之风盛行,有案可查的文人集团就有二百多个,一般以诗文唱酬应和、读书研理、吹弹说唱等为结社理由,像张岱他们这样以品尝美味、吃螃蟹结社的是其中的凤毛麟角。张岱有一个交友的标准——"人无癖不可与交,以其无深情也;人无痴不可与交,以其无真气也","蟹会"中的朋友都是有个性的同道中人,郑重地摆一场螃蟹宴,以吃结社、以吃会友,如此的美食态度正符合张岱的格调。

"蟹会"吃蟹直播开始。众人约定午后相聚,煮螃蟹吃,每人六只。蟹,是不加作料而多种滋味俱全的食材,繁复的烹饪方法对蟹来说显得多余,清蒸是激发螃蟹自然风味的不二法门。只见桌上的螃蟹肥大,腹部中间肥得高高隆起,蟹螯大得像个小拳头,小脚上竟然也长出了肉,油汪汪萌萌的一团。揭开母蟹蟹壳,肥美的蟹黄闪着金灿灿的光,一入口,那些精致的蟹黄颗粒仿佛一下子醒来,随着咀嚼在唇齿间挤来挤去,沙沙绵绵的口感与浓郁的咸鲜本味交织,摄魂的滋味,让人不忍吞咽。而公蟹会给人不一样的惊喜,丰腴的蟹膏像羊脂玉,又似半熟的鸡蛋清,玉软花柔美美一团,尝一口,在咸鲜之外更多出一种悠长的清甜。吃蟹的过程充满仪式感,性急不得。放凉的螃蟹会生出腥味,所以张岱他们不怕麻烦,吃一轮,再做下一轮,就为保证能尝到螃蟹最鲜美的口感。

隆重的"蟹会"上虽然螃蟹唱主角,其他配角也不能逊

色。搭配螃蟹的有肥亮的腊鸭、玉色的醉毛蚶、自家酿制的奶酪、鸭汤汁煮的玉板白菜，蔬菜有兵坑笋，水果有谢橘、风栗、风菱，喝的是玉壶冰酒、兰雪茶，主食是新余杭白米饭。一场"蟹会"可谓至善至美、酣畅淋漓，连张岱自己都感叹这样的美食"真如天厨仙供"。

世事总难料，富贵随风了。1644年，李自成农民起义军攻进北京城，崇祯皇帝在景山自尽，延续二百多年的明朝宣告灭亡。张家的荣华富贵随着明朝的灭亡戛然而止，不愿意臣服清廷的张岱携家人逃亡，躲进深山避难，此时的张岱已经是霜染两鬓、年近半百。从此张家的生活出现断崖式下滑，国破家亡后豪门贵胄瞬间沦为庶民百姓，日子艰难到一贫如洗，布衣蔬食仍捉襟见肘，甚至到常常断炊的地步。每每面对家中残破的物件，张岱回忆起从前的锦衣玉食恍若隔世，不由得感叹："繁华靡丽，过眼皆空，五十年来，总成一梦！"好在张岱的回忆里有"蟹会"上的大螃蟹飘过，我们才能有幸从他的《陶庵梦忆》中领略当时那场宴会的精彩。

一个标举素食者的吃肉经

李渔，有人喜欢他的戏剧，有人喜欢他的诗文，但是爱吃肉的人表示特别喜欢他《闲情偶寄》中的类似记录：固始的鹅，金华的火腿，北海的脍鱼，江南产的凤尾鱼、鲥鱼、鲤鱼、鳊鱼、鲢鱼、糟蟹……统统可以拉入必吃榜单！

没错，这个高调标举素食者就是李渔。他是戏曲理论家、小说家、剧作家、美食家、出版家、设计师、鉴赏家、养生专家，虽然多才多艺的标签有些落入俗套，但是无论从哪个角度看，贴李渔身上都妥妥当当。

李渔，明朝万历三十九年（1611）出生，清朝康熙十九年（1680）去世。李渔从小聪明伶俐，很有读书天赋。父亲去世后，他扛起家庭重担，学习越发刻苦，希望通过科举求取功名、光宗耀祖。明朝末代皇帝崇祯在位期间，李渔一共参加了三次科举考试：第一次童子试首战告捷；第二次乡试意外地名落孙山；第三次参加明朝最后一次乡试，因时局动荡半道折返回家。后来清军横扫江南，搅碎了李渔的功名梦，从此他退隐不仕，终身不再踏入官场。

做不了官，生活还得继续，当时刚过而立之年的李渔，年轻气盛，敢于放飞自我、重塑自我，他把家从浙江兰溪搬迁至杭州，人生舞台的华丽大幕骤然拉开。在杭州的十几年间，李渔直接变身为高产作家，先后完成《怜香伴》《风筝误》《意中缘》等剧作，一边写一边交给戏班排演，有时候十几天便完成一部。一时间，李渔声名鹊起，他的戏场场爆红，男女老幼都争相做他的"粉丝"。当然"粉丝"越多，钱袋子越鼓，李渔在杭州的生活过得十分滋润。

后来，对戏曲痴迷到深入骨髓的李渔不但写剧，还组织自己的戏班子，训练家里的两个歌姬作台柱子，自己则班主、编剧、导演一肩挑，然后带着自己的戏班到处巡演，火爆了大半个中国。可惜好景不长，随着两位年轻歌姬相继去世，戏班也就风流云散。

除了演戏挣钱，李渔还有一个生财之道就是出书，他的剧作、小说都稳居当时的流行图书排行榜。于是，就有人动起歪脑筋盗版李渔的书，大大损害了李渔的经济收入，李渔表示非常生气，痛斥盗版者"我耕彼食，情何以堪"！因为金陵盗版的人最多，李渔一不做、二不休，举家搬迁到金陵。为抗击盗版，他干脆在新居"芥子园"里开了个书局，自己做起了书商，书局的名字就叫"芥子园"。芥子园书局出版过不少书，其中有一本介绍中国画基本技法的《芥子园画谱》流传至今，仍是雷打不动的国画启蒙宝典。

在芥子园书局众多的出版物中，有一本李渔自己的作品《闲情偶记》非常独特，该书内容驳杂，包括词曲、演习、声容、居室、器玩、饮馔、种植、颐养八部。《闲情偶记》写于李渔戏班最火红、文学创作最活跃的那段时间。秉持快活、自适、顺世的生存哲学，李渔畅意地描绘世俗生活中时时处处的小情趣，既然世事多艰难，且以闲情点染，《闲情偶记》为后人提供了绝佳的生活艺术指南。

生活中处处讲情调、韵致的李渔在《闲情偶记》的饮馔和颐养两部中集中火力谈吃。李渔深受老庄哲学思想的影响，在饮食上讲究养生节制、反对杀生，提倡"食近自然"，他按照自己的喜好大张旗鼓地给各种食物弄了个排行榜：蔬菜天地自然生成，好物必须排第一；五谷最是养人，谷食排第二；唉！肉食者鄙，肉食最差，只能第三。从这个排行榜看，李渔得有多鄙视肉食啊！他笃定古人的说法"肉食者鄙，未能远谋"是对的，因为肉食中的肥腻之物会凝结成油腻的脂肪，吃多了会堵塞人的心窍，脂腻填胸，智慧全无！太神了是不是，几百年前李渔就确切地描述出一顿肉食大餐后，瘫倒沙发上，肚子鼓鼓囊囊，脑子里白茫茫、空荡荡的感觉。

但是，你要是以为李渔是个吃斋念佛彻底的素食主义者那就大错特错。李渔口口声声"肉食者鄙"，自己却并不戒肉，而且，他不但吃过不少的肉食美味，还大方地指导大家怎样吃好肉。比如，他会强调烹饪肉食时火候的重要性，火候不够，肉不软烂入味；火候过了，肉会太老，吃起来味同嚼蜡。

另外，从李渔对美食选料的重视程度看，他绝对是吃肉的行家里手，比如：鹅以固始出最好；火腿以金华产的最佳；北海的新鲜脍鱼，甘美绝伦；春天江南产的凤尾鱼味道妙不可言。李渔还一再强调：要认准原产地哦！

李渔本人特别爱吃水产品，他细心叮嘱针对不同的鱼施以不同的烹调方法是美食制作的关键。比如：做鲫鱼、鲤鱼等以鲜取胜的就适合清煮做汤，鳊鱼、鲢鱼那种很肥的就最好切了多放作料烹制。

他还为吃鱼、虾、蟹等造了一套说辞：水中的鱼就像地上的粮食生生不已，渔夫捕鱼就像砍柴人伐木，那是正当的！所以，吃鱼、虾的人比起那些吃牛、羊、猪、鸡、鸭、鹅的，罪孽轻很多。既然有了冠冕堂皇的借口，李渔一说到如何做鱼、吃鱼，就显得相当的理直气壮：做鱼一定要鲜活，煮水不能放太多，没过鱼即可，水多一口，鱼味淡一分。如果是宴请，要等客人到了才能开始做鱼。因为鱼味就讲究一个鲜，刚做好起锅的那一刻鱼的味道达到顶点，如果预先做鱼，无异于让鱼最美的味道白白地发散掉。等客人来了，把冷了的鱼再次加热，那就像是冷饭、残酒再加热，貌似形状还在，味道与先前相比已经有了天壤之别。

如果李渔列个自己的美食菜单，居第一的绝对不是蔬菜，他自己也坦承，终其一生对蟹是无比痴情。每年蟹上市前，他就开始存钱候着买，家人因此笑话他以蟹为命，他也自嘲买蟹钱为"买命钱"。秋天是吃蟹的季节，在李渔眼中那不是"金秋"是"蟹秋"。担心蟹季过去不能再吃，李渔动了很多脑筋，家里为做"糟蟹"做好充分准备：香糟汁叫"蟹糟"，酒叫"蟹酿"，装蟹的大缸叫"蟹瓮"，负责做糟蟹的女仆叫"蟹奴"。

在如何做蟹、吃蟹上，李渔秉承自己崇尚自然的饮食观，他认为蟹这样的世间好物，烹饪保持其原形原味即可。蟹之鲜而肥，甘而腻，白似玉而黄似金，色、香、味已达极致，添加任何东西上去都是多余。他痛心疾首地指出，那些把蟹大卸八块，裹上油、盐、豆粉煎的方法，让蟹最纯真的香味消失殆尽，类似方法简直就是嫉妒蟹漂亮的外貌，是对蟹的糟蹋。因此，吃蟹只能一整个囫囵全蒸，熟了后装在洁白的盘子上，各自取食。蟹一定要自己剥、自己吃，如果他人代劳，则少了很多吃蟹的乐趣。

尽管李渔在《闲情偶记》中将肉食排在了饮馔部的第三，但体会他的文字，在真真假假的腔调中，他对肉食有着满满的真爱！

年光倒流，再见随园

「性灵派」诗人袁枚所著《随园食单》不是一般意义上的文人食谱，书中袁枚以诗人的视角、灵动的文笔表达自己的美食态度与观点，各色各样的烹饪方法、五花八门的南北菜式、形形色色的美食逸事在他笔下变得活色生香、多姿多彩。

袁枚，那个害很多小小少年背诵《黄生借书说》中"书非借不能读也"的作者，真的不是一个不苟言笑的怪老头。

有人评说活到八十多岁高龄的袁枚是"通天老狐"，戏谑中带着亲切。出身平常人家的袁枚，天资聪颖，自带神童光环，小小年纪就写得一手好文章。二十出头得中进士，在翰林院供职。几年后外调江南等地做官，他勤于政务、颇有政绩，赢得当地百姓交口赞誉。

读书、进士及第、做官，袁枚的生活在一条文人进阶的正常轨道上平稳地运行。但是，父亲的去世打破了这种平稳，三十四岁的袁枚突然宣布放弃加官晋爵的大好前途，要卸甲归田、回家陪母亲。他义无反顾地作别了政坛，就此踏

上他的潇洒人生路。

辞官后的袁枚并未回到家乡，而是直奔南京小仓山下的"随园"。几年前在南京做官时，袁枚曾花重金买下了让他心中种草很久的"隋园"。这"隋园"原来是《红楼梦》作者曹雪芹父亲曹寅所建，曹家被抄家后园子几易其手，到袁枚这儿已经残破不堪、一片荒芜。独具慧眼的袁枚面对破园子一点都不气馁，亲自上阵担任园林规划师、施工监理等，启动了对园子的翻新改造。荒芜的废园蝶变为远近闻名"任人来看四时花"的景点，应该说是袁枚唤醒了这个沉睡多时的"隋园"。袁枚对自己的修葺再造工作非常得意，用同音异义将"隋园"改为"随园"，取意园子随旧貌就势造景，希望园子能让人随心顺意。

自此"随园"仿佛与袁枚融为一体，如肌肤、似毛发成为他生命中不可或缺的一部分。作为"性灵诗派"的倡导者、名重一代的文学家，在他众多的作品中以"随园"冠名的就有《随园诗话》《随园尺牍》《随园随笔》《随园食单》等，到晚年他还骄傲地自封"随园主人""随园老人"。

张扬个性、特立独行的袁枚在七十多岁高龄创作了人生中最得意的作品之一《随园食单》。《随园食单》不是一般意义上的文人食谱，书中，袁枚以诗人的视角、灵动的文笔表达自己的美食态度与观点，各色各样的烹饪方法、五花八门的南北菜式、形形色色的美食逸事在他笔下变得活色生香、多姿多彩。

虽然身为作者，但《随园食单》里面的袁枚好似一档美食栏目的主持人，以下马看花、脚踏实地的诚挚带领众人到处寻觅美食踪迹。才情出众的袁枚只要遇见心动美食，就会揣着强烈的好奇心深入厨房重地去一探究竟，甚至不惜执弟子礼求某道菜的做法。几十年间，他不但得以观摩到无数珍馐的烹饪过程，还大饱口福品尝到五花八门的美馔，并且收集到大量的南北菜谱，亲身示范什么是美食穿肠过、菜谱心中留。

美食离不开厨师，袁枚深谙厨师工作的重要性，他只要听闻有大厨出没，无论远近都会寻迹拜访。而幸运如袁枚，一代名厨王小余慕其名声，自告奋勇做了他的家厨。袁枚与王小余意气相投、惺惺相惜，犹如伯牙遇子期，王小余曾经拒绝了高官重金邀请，宁愿终老"随园"，只因为"知己难，知味尤难"，而袁枚正是那知他、懂他、欣赏他的人！王小余去世后，袁枚悲痛之余撰写《厨者王小余传》表达深切的怀念。

几十年的美食记忆让《随园食单》的内容丰盛莫比，从山珍海味到寻常小菜，每一道拎出来都堪称经典。在袁枚所记十四世纪至十八世纪流行的三百多种美食中肉食可真不少，白浪肉、红煨羊肉、羊肚羹、梨炒鸡、干蒸鸭、云林鹅、醋楼鱼、醉虾、酱炒甲鱼、鳝丝羹、炒蟹粉……这些仅凭名字就足以让人垂涎三尺的美食，好些至今仍然活跃在我们的家庭餐桌上，或者荣耀地成为餐厅里的特色招牌菜。

在众多的肉食中，海鲜深得袁枚喜爱。虽然古代八珍里面并没有海鲜，但是到清代，海鲜已经成为受大众青睐的美食，于是，袁枚顺从大众美食风尚，在《随园食单》中为各类海鲜开设了专栏——《海鲜单》。当然，从鱼翅、海参、鲍鱼到瑶柱，袁枚都帮我们品尝过，才为我们在纸上留下了许多海鲜大餐，以及各种海鲜的烹饪妙方。

比如海参，袁枚说海参原本是无味的，肚子里沙多，还有恼人的腥气，要做出美味实属不易。做海参时千万不能用清汤煮，否则腥气太重。选料用小刺参，先泡发洗去泥沙；再放入肉汤中余三次；然后用鸡汤、肉汤的混合汤汁，加上与海参颜色相近的香菇、木耳一起煨海参，至海参烂到软嫩爽滑、汤汁饱满即可。做海参是一件费时的事，如果家里要请客，必须提前一天把海参煨好。有两款海参给袁枚留下了深刻的印象：一次是某年的夏天，在一位姓钱的道台家中吃到过用芥末、鸡汁凉拌的海参丝；一次是在姓蒋的侍郎家中吃到了用豆腐皮、鸡腿、蘑菇煨的海参。袁枚品尝后给海参点了个大大的赞，餐后评语很有分量——"甚佳！"

另外不得不提的是在明清时期，吃猪肉已经在民间流行，因为猪肉大众食品的身份，袁枚将猪肉戏谑为"广大教主"。《随园食单》用猪肉这亲民食材制作的菜肴可谓蔚为大观，原料从猪肉、猪头、猪蹄、猪爪、猪肺、猪腰、猪肚、猪筋到猪骨……做法有蒸、炒、煎、煮、炖、烤不一而足，菜肴有炒肉丝、炒肉片、油灼肉、粉蒸肉、芙蓉肉、荔枝肉、八宝肉圆、蜜火腿等，不胜枚举。这其中的"蜜火腿"传承到今天成了杭州名菜之———"蜜汁火方"。

袁枚说：做"蜜汁火方"需要选取最好的火腿，要知道火腿有好有坏、质量高高低低，选火腿就像选美，是个技术活，虽说金华、兰溪、义乌这三地都产火腿，但其中好些不过是徒有虚名，质量差的火腿，远远赶不上腌肉。当然了，人不识货钱识货，买杭州忠清里王三房家生产的四钱银子一斤的优质火腿，质量绝对有保证。制作火方时要连皮切成大方块，然后用蜜酒煨到极烂。

此方制作的"蜜汁火方"，袁枚曾在大学士尹继善苏州的公馆吃过一次，其独特的香味有很强的穿透力，人在门外远远就能闻到，让袁枚得以闻香识味。火腿肉色灿如火焰、艳丽非凡，大块的肉软卧在透亮的汤汁中，皮、瘦肉、肥肉之间层次分明。入口，肉质酥烂至极，瘦肉细嫩不柴、肥肉滋润不腻。"蜜汁火方"的滋味非常值得玩味：经过繁复的制作程序，火腿中的盐有了时间的味道，咸中带着酵香；蒸制时加入的蜂蜜饱含花香的甜润；以水谷之精、熟谷之液酿成的酒似芳香扩大器，在高温下拼尽全力和味、添色、增香。火腿的咸、蜂蜜的甜、酒的醇，组合成登峰造极的鲜香不由分说袭来，牙齿、舌头立马缴械投降。此番与"蜜汁火方"的相遇给袁枚留下极其深刻的印象，每每念及，他都会不由自主地感叹，如此美味好似绝色佳人，可遇而不可求啊！

推崇性灵、标举自我，以诗意的笔写人间厨事，《随园食单》蕴含着韵味、趣味、品味。不知今天的餐桌上有多少菜肴复制着"随园"的滋味，这其中肯定会有人在唇齿留香的瞬间想起袁枚的话："千秋万世，必有知我者！"

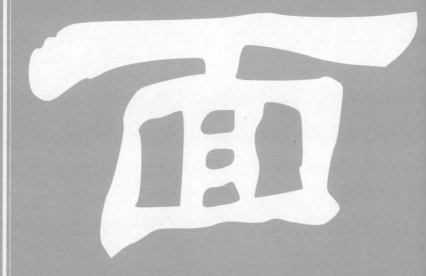

第四篇 面食流芳

面上有山水，饼上有诗歌。回看中国磅礴大气的饮食文化史，不难发现面点小食也是其中熠熠生辉的部分。所幸在古代中国五谷杂粮普遍『粒食』的时候，有天才站出来，用智慧改变植物种子粗犷的食用方式，为各种面点美食开辟了一个广阔无垠的生长空间，留下许多流芳百世的面食。

屈原吃过的"甜甜圈"

屈原在《招魂》中用一大段文字酣畅淋漓地展示了战国时期的楚国美食，"柜籹"是其一。用米粉和蜜制作的"柜籹"又称"环饼"，甜蜜好滋味让人魂牵梦萦，足以招魂。

　　嗜甜大概早就嵌入了中国人的基因序列里，因为对甜蜜滋味的深情歌咏可以追溯到屈原那里。

　　屈原，战国时期楚国人，楚辞体诗歌的开创者，他的作品是中国文学史上一颗闪耀的明珠。司马迁的《屈原贾生列传》完整而系统地记载了屈原的生平事迹。虽然《屈原贾生列传》中有些记载前后矛盾经不住推敲，但是多亏有这篇列传，后世才得以了解这位伟大诗人曲折的人生经历与流芳百世的才华。

　　屈原的作品众多，想象奇特大胆，情感奔放浓烈，辞藻华美绮丽，对中国文学产生了极其深远的影响。

　　其中《招魂》一篇比较特别，估计是屈原最受争议的作品。全文一千多字，围绕它，众说纷纭：《招魂》的作者究竟是屈原，还是宋玉；文中所招的魂是别人，还是作者自己；是为活着的人招魂，还是为去世的人招魂；等等。各方学者对这些问题各抒己见，展开激烈辩论。辩论至今，以上问题仍然是悬而未决，始终不能得出一个能让众人信服的完美答案。关于作者，司马迁在《屈原贾生列传》中说：我读《离骚》《天问》《招魂》《哀郢》，为他空怀抱负不得施展而感怀悲愤！因此，我们站队司马迁，认定屈原才是《招魂》的作者。

据《屈原贾生列传》载，屈原生于贵族家庭，他博闻强识、娴于辞令，得到楚怀王重用，被任用为史官。不过，他这个史官有些特别，他跳出单纯的史官职责，施展才能积极参与国家的内政外交：对内，他主张修明法度、举贤任能，通过逐步强大国力统一天下；对外，他主张联合齐国抗击秦国，让楚国获得有实力的盟友。屈原政绩卓著，深得楚怀王信任，可惜后来因为得罪权贵被构陷，遭到楚怀王疏远。晚年的楚怀王中了秦国的计谋，入秦国被扣，客死他乡。等楚顷襄王即位后，屈原惨遭流放，离开了郢都。流放途中，屈原目睹了国家的衰落、百姓的苦难，失魂落魄中，他抚今思昔，不由得诗兴大发，借客死他国的楚怀王的口吻，写下《招魂》抒发自己不可言说的悲哀和对乡土的深深眷念。

《招魂》整体采用序引、主体、总括三大段结构，在主体"招魂辞"中又分为"陈述外面四方之恶"与"描绘楚国之美"两大部分。写外面东西南北、天上地下，大地干涸、毒虫肆虐、五谷不生、无水可饮，险恶无处不在。与此相对，楚国则是各种美好：宫室、美女、饮食、歌舞、游戏……在诗人的笔下，楚国就是天堂！外面的世界如此不堪，楚国宫廷内的生活却是极尽豪华，两相对比，殷切召唤在外游荡的魂灵归来。高大巍峨的宫殿、富丽堂皇的居室、花容月貌的美人、精彩绝伦的歌舞、奇妙无比的游戏，统统先按下不表，这里我们要说说《招魂》中的楚国美食。

楚国幅员辽阔，有江汉川泽山林的丰饶，食物丰美。《招魂》中有一大段写到了楚国美食，诗人以浪漫主义的澎湃笔法，淋漓尽致地将自己心目中的楚国美食一股脑地泼洒在文字里，一口气读下来，食膳馐饮、甜酸苦咸，食材的丰富、烹饪方式的繁复、滋味的多样，只觉得纸上美食林立、风味悠长，正摆开一台楚国顶级宴。

主食有稻麦、黄粱，将新麦与黄粱混合后蒸熟，类似于今天的杂粮饭，营养丰富，柔糯香滑。

菜肴有烂炖肥牛腱、清炖甲鱼、烧烤羊肉、醋香天鹅肉、浓汤野鸭、香煎大雁、劲爽阉鸡、浓香龟羹。

甜点有"粔籹"，这就是本篇的主角。

酒饮中，瑶浆酒色如晶莹剔透的美玉，蜂蜜酿制的甜酒口感美妙，过滤出来的清酒冰镇后喝，醇香清凉。

酒肉黄粱统统不足为奇，所有美食中让人眼前一亮的当属"粔籹"。

带着神秘色彩的"粔籹"是什么做的？有何滋味呢？根据东汉王逸的注解，"粔籹"就是用蜂蜜和米面，经过油加热煎制而成的环饼（圆环形状的饼）。推测王逸应该是依"粔籹"的形状称其为"环饼"，因为后世关于"粔籹"的形状有一些争议，为避免歧义，以下我们统一称为"粔籹（环饼）"。王逸也是湖北人，与屈原同土，是正宗老乡，而且他生活的时代相距屈原也不算太远，从食俗本土传承的脉络看，他的解释应该是最接近原貌、可信度最高的。

关于"粔籹（环饼）"的归属有必要做一下梳理。有学者根据"粔籹（环饼）"的主要配料构成是米面，就将其归于楚国的主食里面，其实是不太妥当的。这一点从《招魂》中此段美食的罗列顺序即可见其端倪，稻麦、黄粱等主食在段落起首就率先亮相，经过牛、羊、鸡、鸭等一系列的肉食硬菜陆陆续续摆开，才到甜蜜的"粔籹（环饼）"闪亮登场。因此，从诗歌叙述顺序看，从主食到"粔籹（环饼）"中间还隔了无数道肉菜，"粔籹（环饼）"应该属于独立于主食之外的"点心"系列。"粔籹（环饼）"的主要原材料是被打磨加工后的米粉，不是作为主食的"粒食"状态，屈原将二者分开排列，估计也是注意到它们之间的显著区别。

根据王逸的记载，"粔籹（环饼）"的原材料是蜂蜜和米面。位于南方的楚国人"饭稻羹鱼"，主要吃米食，开动脑筋用米来做点好吃的是自然而然的事情。其实从"粔籹"的字形构成也可以推测，两个"米"字做偏旁，明示这个

食品与"米"之间的密切关系。"粔籹（环饼）"应该是一直受欢迎的食品，传承到北魏，贾思勰在《齐民要术》中详细地说明了"粔籹（环饼）"的做法。先将米打成粉，将米粉掺水加蜂蜜混合揉成像做面条一样的面团；然后用手按压拉抻面团到大约26厘米长；再将揉成条状的面团两头弯曲连接，做成圆环的形状，面坯就算做成。比画一下，这个"粔籹"分明就是"甜甜圈"的模样啊！早在战国时期，中国人就已经吃上中式"甜甜圈"，而且，因为滋味美好，伟大的诗人屈原对它进行了诗意的歌咏。另外，从原材料和外形看，"粔籹（环饼）"与现在湖北省（从前楚国的地盘）标志性地域美食——油酥香脆的"面窝"——有几分相似，虽然在制作技法上有明显区别，但是同为大米制品、同为圆环形、同样油制，如果二者有关联，那么这条路持续走了几千年。

　　友情提示，若有小伙伴要依照古方制作"粔籹（环饼）"，需要注意和面揉面环节：与小麦粉比较，米粉的延展性不强，要成团的话，加入用水稀释过的蜂蜜后，还应该进行反复揉搓捶打以增强面团的黏性，也就是要花功夫揉面，以方便下一步将面团做成圆环的形状。

　　面坯做成后还需要加热做熟，王逸说的是用"熬煎"的方法制作"粔籹（环饼）"，"熬"是用文火长时间加热，"煎"是用火加热使食物汁水收干。贾思勰记载的"粔籹（环饼）"的加热方法是"膏油煮"，也是用油加热煎制。综合他们的记载，制作"粔籹（环饼）"时要用油加热煎制。鉴于配料中含有糖分，煎炸的油温不能很高，否则会造成焦煳，所以他们都提及对文火的要求。煎制时要把握火候，对火候的把握又反证了"粔籹（环饼）"制作时在形状上的巧妙用心：面团中含糖量不低，如果是实心的一块面饼，加热时可能外皮已经焦了，里面却还是生面疙瘩；将面团拉抻成环形，圆依然还是那个圆，却因为中空，使饼的受热面积更大，在油中加热时可以缩短煎制时间，放下面团在热油中刺啦刺啦，待外皮颜色金黄、香甜味四下散播，说明饼已成熟，即可出炉。能将食物形状与加热方式之间的关系拿捏得如此精妙准确，我们必须对两千多年前的楚国人写一个大大的"服"字！

虽然王逸、贾思勰都没有说明"粔籹（环饼）"的味道，但从配料以及制作方式可以推知，"粔籹（环饼）"的味道应该接近今天的糖油饼。

《招魂》中屈原还明确地记载了战国时期楚国人在吃"粔籹（环饼）"时的讲究：搭配上浓稠的麦芽糖。屈原吃过的"甜甜圈"，金黄焦香的外壳挂上一层轻柔的蜜，咬一口，内里散发浓郁的米香，米、油、糖、蜜交融，变成一种能让人羽化登仙的甜润，如此甘美当然值得用诗来歌咏！

对屈原来说，"粔籹"与其他美食一起，能代表家乡的味道，他认定这些滋味足以招魂，能带领客死他乡的游魂辨别家的方向、找到归乡的路。"粔籹"是游魂归故里的指示牌，也是屈原黍离之悲中一丝甜蜜的慰藉！

孙宝巧断
馓子案

西汉末年的孙宝是一个尽心尽责、能干聪明的官员，在他的职业生涯中办过不少为人称道的事，其中有一件还被后世收入刑讼故事中作为断案典范，这就是"孙宝称馓"。

　　河南人孙宝在西汉末年的政坛是一个活跃分子。汉代重视经术，恰巧孙宝精通经术，不但能将五经烂熟于胸，还能讲得头头是道。他因为明习经学踏上仕途，后来被推举入朝做了皇帝身边的近臣。

　　虽说精通经术，孙宝不但不迂腐，还称得上是西汉官员队伍里正直能干的人，有几件事情可以证明，其一是智勇双全平息盗贼。有一阵子广汉一带盗贼群起，当时的广汉太守是一个不称职的朝廷重臣关系户，对盗贼之事束手无策，于是孙宝被任命为益州刺史前去解决这棘手的盗贼问题。孙宝到任后，了解了一下情况，知道这些盗贼大多因生活艰难，被迫无奈走上歧途，就带了几个随从去到盗贼出没的山谷，劝说盗贼们改邪归正、弃暗投明，还宣布只要悔过自新，就遣返回乡、既往不咎。盗匪头目见孙宝如此恳切，便率领众匪投降。匪情就此得以化解。

孙宝明白盗贼事件与广汉太守有关，但是要扳倒这个关系户并不容易。盗贼之祸平息后，孙宝不畏强权直接上奏，但是他上奏的方式与众不同。孙宝首先弹劾自己宽容盗贼，接着话锋一转控诉那个关系户太守压榨百姓、失职渎职，是导致盗贼四起的罪魁祸首，应当受到严厉的惩处。如此硬核操作也只有孙宝了！关系户太守被捕入狱，孙宝也因过失遭到处罚，好在不是重罪。益州的百姓知道孙宝的遭遇后纷纷称颂他的功绩、为他鸣不平，皇上这才顺水推舟重新任命孙宝做了冀州刺史，孙宝得以重返工作岗位。

在百姓眼中孙宝是个能人，甚至他路过顺手做一件事都会成为聪明机智的样本，这就是"孙宝称馓"。此事发生在孙宝出任京兆尹期间，有一天，一个卖馓子的货郎挑着担子来到集市上。只见人来人往好不热闹，货郎的心里乐开了花，兴冲冲地挑着担子，担子里高高地码着金黄色的馓子。货郎就像一台香味播散器，他一路走，一路播散馓子的酥香。路过的人闻见了，就有人吸吸鼻子说"好香"，忍不住着急要买。货郎一边说"好，好，好"，一边四处打望准备找个好地方摆摊。

"咔嚓，咔嚓，咔嚓"，一阵乱响把刚才的人声鼎沸给炸灭了，几秒后响起一串绝望的惊呼："馓子，馓子，我的馓子……都碎了！"原来在货郎四处张望找摆摊地方的当头，不知道哪里跑出来一个冒失鬼，一下子撞翻了担子。

货郎看着散落地上的馓子欲哭无泪，一把揪住那个冒失鬼："你赔我，赔我！"冒失鬼连声认错："好，我赔！"货郎见他认赔就松开手说："碎这么多馓子，怎么着你也得赔我钱三百枚！"冒失鬼一听，涨红了脸说："三百枚！兄弟，太多了，这碎地上的馓子最多也就值五十枚。"

两人争得不可开交，围观的人也认为各说各有理。这时恰逢孙宝路过。问明情况，孙宝劝解两人说："二位别着急，要知道地上碎掉的馓子到底值多少一点不难啊。"于是，孙宝派人去别处买了一个相似的馓子，称好重量，然后把地上碎掉的馓子聚拢也称好重量，马上就折合出应该赔偿的钱数。孙宝的这一番断案，让刚才还争得面红耳赤的两人心服口服。

"孙宝称馓"的故事出自宋代人汇编的一本刑讼故事集，宋代人在给故事命名时用了"馓"字，"馓"字原本的意思是烹饪稻米饭使其发散膨胀，而在孙宝所生活的西汉时期，这种又香又脆的美食有可能叫作"截饼"。小麦不是中国土生土长的作物，但中国人种植小麦也有几千年的历史，到西汉时，人们已经普遍用小麦这种舶来品磨粉做成各种面食。估计是因为口感太好，人们便将很多面食都用"饼"字来命名，只是这种命名方式让后世在品尝美食时必须顺便玩一把烧脑的文字游戏，不得不去猜这"饼"到底是什么

样子。"截饼"出现在《齐民要术》一书中，作者贾思勰介绍 "截饼"还有个名字叫"蝎子"。"截饼"的"截"有"断"的意思，似乎是指馓子因酥脆很容易断掉的特征。"蝎子"多细脚，又似乎是在形象地描述馓子的外形，从"蝎子"推测当时的馓子可能与今天的馓子外形近似。

关于"截饼"的做法，贾思勰是这样介绍的：用牛奶、羊奶调和蜂蜜成汁，如果没有蜂蜜，可以煮点枣子，去渣取汁；汁水中加入牛油或者羊油后，和面；将面团揉成形后炸至酥脆。

关于口感，贾思勰说了八个字："入口即碎，脆如凌雪"。加入牛羊乳、动物脂肪、蜂蜜等配料做出来的馓子，酥松香脆，仿佛由无数个金黄亮润的小小精灵组成，一入口，哪怕唇齿轻轻一扣，精灵们就会纷纷鼓动起翅膀四散，馓子碎得像清冽的雪花一般飘散，醇厚的奶香霎时绽放，香、酥、脆、甜组团一起袭来。正是顺着这八个字给出的线索，结合配料和制作方法，人们才推测出这个神秘的"截饼"就是流传至今、让人吃起来总是停不住的馓子。

回到"孙宝称馓"故事中，正是因为馓子极度酥脆，担子里的馓子才会被过路的冒失鬼一撞就碎一地。当然我们也必须佩服一下做馓子师傅的高超手艺。

是馒头，
也是……

关于馒头的起源，最有名的莫过于诸葛亮以馒头代祭品。三国时期，作为智慧化身的诸葛亮领军打仗过程中，因心怀慈悲不愿杀人，而改用馒头代替人头祭祀。那么，如果诸葛亮吃过馒头，当时的馒头会是什么样呢？

这个题目有点绕，馒头就是馒头，馒头中还有啥蹊跷？别急，今天中国人餐桌上最常见的馒头可没有想象中那么简单。

关于馒头的起源，最有名的莫过于诸葛亮以馒头代祭品。话说三国时期，蜀国的南边有个叫孟获的人拉起队伍反蜀，为巩固边防，丞相诸葛亮亲自带兵捉拿孟获。部队到达南边不久，有一个属下给诸葛亮提了个建议："丞相，此地的人们大多迷信，一般在开战前要向神明祈求，希望能借助神力取胜。您看，大战在即，我们也可以按照当地的风俗杀几个俘虏，用他们的人头祭祀神明，神明高兴了，才会出手相助。要不我们试一试这个法子？"英明神武又有仁爱之心的诸葛亮听得此言，觉得入乡随俗是个好主意，祭祀是件好事情，但杀人却不

290

行。不杀人，还照样有祭品，这样的事情难不倒诸葛亮，他当即吩咐手下把牛肉、羊肉、猪肉统统切碎了做馅儿，再用面皮包上做成像人头一样圆圆的形状，以此代替人头去祭祀，祈求神明相助。就这样，代替他们口中"蛮人"的头的圆形面食被称为"蛮头"，在流传中音转又被讹为"馒头"。诸葛亮在征伐过程中，不仅用军事手段征服对手，还采用文化的手段移风易俗，包了肉馅儿的"馒头"作为饮食文化的代表，成为移风易俗中被捧上神坛的主角。

这个故事出自宋代一部叫作《事物纪原》的书，真伪已经无从考证。"馒头"一词出现比较晚，最早在晋代文献中才现身，只不过在早期被写成"曼头"，一直到宋代加上了代表食物的偏旁的"馒头"一词才固定下来。有意思的是，有一种与馒头外形很像的小圆面包在英语里被称为"bun"，这一发音与闽南方言中"馒"的发音非常近似，也许"bun"是由漂洋过海的中国人命名的。

现在馒头很普通，做馒头是一件稀松平常的事情，但是在古代，做馒头是一件技术含量很高的活儿，从原材料的打磨、发酵到蒸具等缺一不可。馒头是用小麦粉做成的，早在秦汉之前，中国人就开始种植小麦，到西汉时，小麦已成为人们的主食之一。小麦的特性是种皮坚硬，如果不做加工，保持原样煮着吃，即"粒食"口感不太好，而被打磨成面粉的小麦则拥有了黏性，可以加工制作出更加可口的食物。

把食材做得好吃点是中国人擅长的事情，在黄河、长江流域的产麦区，中国人发明的磨粉工具从石磨棒、石磨盘、杵臼等一路进阶，到西汉已经研发出以马为动力的石转磨。绝对不能小看石转磨的发明，它的出现从根本上改变了小麦单纯的"粒食"方式，赋予小麦以超强的可塑性，让小麦成为一种拥有无限可能的食材。从某种程度说，是石磨的压力让小麦脱去凡胎、换上仙骨，拥有了无数变幻的功力，有时候压力真是好东西！

还有一种制粉必备工具——筛子，推测最初的筛子是竹子做的，可以去粗取细，如果想得到更细的粉，就需要多过几次筛。到西汉，随着丝织技术的发达，丝织品品种繁多、工艺精湛，中国成为丝绸大国，还开辟了丝绸之路。在如此大背景下，用绢做筛就一点也不显得突兀。在"绢筛"的威力下，小麦面食的口感更细腻、更香滑。

作为一种发酵面食，发酵在馒头制作中非常关键。在酿酒技术成熟后，人们发现酒酵竟然可以起面发酵，于是开始人为地将含有酵母菌的"酒母"加入面粉中制作成发酵面。可以说，发酵是一个充满了爱与耐心的过程，将面粉、水、酵母紧密揉合在一起，剩下的事就让时间去处理。面粉经过发酵奇迹般地生长，仿佛获得了第二次生命，暄腾的发酵食物变得更健康、更美味。两汉时，人们已经熟练地掌握了发酵技术，还把这样制作出来的面食叫作"酒溲饼"。到了距离诸葛亮很近的魏晋时期，人们为发酵饼取了一个非常形象的名字——"面起饼"。到唐代，因为这类面食能轻盈地高高发起，被称为"轻高面"。

传说中黄帝发明的"甑"是制作馒头必需的炊具，"甑"这种特殊炊具是利用火烧开水产生的蒸汽将食物做熟。同样面对发酵面，西方人采用烤的方式做面包，以火力强攻逼出面粉的焦香；中国人采用蒸的方式做馒头，以带力道的"水疗"让面粉在酣畅中成熟，在滋润中坚守小麦本真的醇香。"蒸"法于水火既济中达成美食意愿，是极具中国特色的烹饪方式。因此，在秦汉魏晋时，人们将蒸出来的发酵面食称为"蒸饼"便不足为奇。

回到诸葛亮生活的三国时代，有高级的石转磨把小麦磨成粉，发酵技术已经成熟，加上有蒸锅"甑"来蒸，三国时候的人要想吃"馒头"是件容易事，只是不能把那个时候的"馒头"与今天的馒头轻易画等号。故事中诸葛亮让人做的"馒头"，因为带肉馅儿，类似今天的包子，而当时实心、无馅儿的"面起饼""蒸饼"则更有可能是今天的馒头。从诸葛亮之后很长一段时间，"馒头"大多数都被用来称呼带馅儿的类似"包子"的发酵面食。一直到清代，人们认定用发酵面蒸制后隆起呈圆形、实心无馅才是正宗馒头的特征。实心、无馅这一馒头鉴定标准被广泛接受后，在中国的一些地方仍然坚持以"馒头"来指称包子的旧俗，只是在命名时在"馒头"前加上馅的内容，比如"豆沙馒头""枣泥馒头"。

想想，"馒头"揣着一颗"包子心"一路走来，还真不容易！

傅粉何郎，
"汤饼"来啦

为验证大帅哥何晏的皮肤是不是真正的白皙，年轻的魏明帝让何晏在大夏天吃了一碗"汤饼"。这个故事给后世留下了一个成语"傅粉何郎"，也留下了中国人关于"汤饼"的有趣记忆。

这个故事的主角是一位不折不扣的美男子。古代中国被载入史册的美男子不少，能因相貌堂堂、面如冠玉独拥一个成语的却不多，而成语"傅粉何郎"的男主何晏就算得上美男子中的凤毛麟角。

何晏是魏晋时期著名的玄学家，可惜，因为史料的简略和散佚，关于他的确切身世一直是个谜。据史料推测，他是河南南阳人，是东汉大将军何进的孙子，大概生于建安元年（196）。虽然何晏亲生父亲去世很早，但他很幸运，自幼就被曹操收养，还因为聪明伶俐，深受曹操的宠爱。曹操对何晏宠爱到什么程度呢，据说是到了连曹操自己的孩子曹丕都心生妒忌的地步。后来，模样乖巧、明慧若神的小孩子一不留神就长成了饱读诗书、博学多才的大帅哥，曹操看在眼里、喜在心头，将自己的宝贝女儿金乡公主嫁给何晏为妻。

虽然何晏娶了公主、担任驸马都尉，赐爵为列侯，但是从魏文帝（曹丕）到魏明帝（曹叡），何晏在仕途上都没啥起色，这两个皇帝都不看好喜好老庄的玄学家。魏文帝在位的时候，或许因为对他有成见，干脆就不给何晏当官的机会。魏明帝对何晏的态度松动一点，封他一个不痛不痒、没有实权的闲官。何晏"傅粉何郎"之名就得于魏明帝与他之间的一件趣事，此事被南朝著名的文学家刘义庆在其《世说新语》中记录下来。

要说魏明帝也是一个很有意思的人，他小时候长得模样俊美，加上博闻强识，有过目不忘的本领，深得祖父曹操的喜爱，一直是被看好的皇位继承人。魏明帝即位后很有些文治武功，帝王身份加上爱好文艺的特质，他设立了一个官方机构"崇文观"，将一大批优秀的文人聚集到自己身边制诗度曲，开展热热闹闹的文化艺术活动。何晏就位列其中，并成为当时最耀眼的文坛明星。当然，像何晏这样的人，相貌出众、才学过人，放在哪朝哪代都必是明星。

天生帅模样的何晏算生逢其时，赶上了一个审美自由丰富的时代。魏晋时期，紧随着社会动荡、政权跌宕而来的是人们个性意识的觉醒，人们对品行功德的重视程度有所下降，但对个性自由的追捧则日渐攀升。这反映在审美观上，与前代相比，人们评判美男子的标准发生较大变化，要求美必须是神形兼备，内在美不是美的唯一标准，外在美也很重要。对外貌极其看重的"相貌党"还为外貌审美新标准做了不少具体的注解，比如：肤白如玉，身姿如松，目光炯炯，等等。而何晏除开姿容仪态不凡不说，皮肤还出奇的白净，完全就是"肤白如玉"的样板。

跟许多魏晋时期的美男子一样，何晏不但知道自己是帅哥，还明白应该怎么收拾打扮，公众场合总是能保持自己得体的帅模样。他那白得发光的皮肤让自己就是帅哥一枚的魏明帝也忍不住心生好奇，怀疑何晏是不是往脸上搽了粉。从辈分上说何晏是长辈，虽然贵为皇帝，魏明帝还是不好意思冒冒失失去直接检验何晏的皮肤状况，但是掩不住的好奇心让他灵机一动，把何晏召进宫里。

当时正是暑气灼人的大夏天，魏明帝让人把何晏召进宫中。何晏得了令忙不迭地赶过去，魏明帝跟他寒暄一阵，不一会儿令人端来一碗冒着热气的"汤饼"，吩咐何晏赶紧趁热吃。虽然何晏不明就里，但是一来君命难违，二来香喷喷的"汤饼"诱惑他不得不放下矜持。只见那碗中好似展开一幅水墨山水画，光白可爱的"饼"卧在汤中，皴出一些大致的山石轮廓，玉色的汤热气缭缭晕染出水乳交融的意境。何晏端起碗，如渔翁划桨一般伸出筷子，一阵浪花打破了碗中的静谧，他挑起来尝了一口，然后，仿佛是被超乎寻常的滑美口感所吸引，他一口接一口大吃起来。高温天气下吃热气腾腾的"汤饼"，不一会儿，何晏就汗如雨下，豆大的汗珠挂满了额头。等碗中见底，何晏恋恋不舍地放下筷子和碗，这才发现汗珠已经滴答落下来，他赶紧撩起衣角使劲在脸上擦了一把汗。

一边的魏明帝也没有闲着，他盯着狼吞虎咽的何晏观察，等何晏撩衣角擦汗的时候，魏明帝更是目不转睛，眼神一直跟着何晏，仿佛不愿漏掉一个动作。终于，何晏放下了擦汗的手，发热出汗让他原本白净的脸上透出一层淡淡的粉，皮肤白中透红，比先前越发好看。这时，魏明帝才终于相信原来何晏天生白净好皮肤，无须搽粉，外面那些关于他涂脂抹粉的传言都是假的！随后，何晏"傅粉何郎"——何晏，脸上白净如抹粉的原生态美男子的名声由此传开。

说完美男子天生的好皮肤，再说说故事里面充当皮肤测试工具的那碗"汤饼"。

大约在汉代，人们就已经掌握了小麦的多种吃法，除了"粒食"，还将小麦磨成粉做出不同花样，并且专门用"饼"来指称所有小麦磨粉做成的面食，所以"汤饼"其实是一种小麦做的面食。

而到魏晋南北朝时期，"汤饼"已成为一种大众喜爱的食品。做"汤饼"先要准备原材料：磨成粉的面，再用绢筛过筛，让面粉更细腻。准备好面粉后用水和面成团，成团后的面团可以有不同做法。方法一：用手将面团慢慢揉成如筷子一般长短粗细的条，放入盛满水的盘中；锅中烧水，将细条按揉到薄如韭菜叶，投入锅中煮熟。方法二：将面团揉成如拇指般长短粗细，放置到水盆中，再按揉拉扯使面团成极薄的片状，然后将其投入沸水中，大火快速煮熟。

到这里大家是不是恍然大悟，从做法看，"汤饼"原来就是今天的手扯面或者面片汤啊。今天"饼"与"面条"已经有了明确的区别，但是，千万不要忘了古代的"饼"包含了很多不同品种的面食。

因为是连汤带面的热食，魏晋时期"汤饼"一直被奉为冬季美食。隆冬时节，涕冻鼻中、霜凝口外的时候，一碗"汤饼"被誉为饱腹御寒的佳品。至于酷暑夏天，最好不要吃"汤饼"，以免吃了不消化积食生病。所以，按照魏晋时人的养生观念，魏明帝让何晏在夏天吃"汤饼"实在有些恶作剧。

何晏吃一碗"汤饼"就能吃出一个故事流传千百年，人帅、面美，按照现在流行的话说是"不红都难"，何晏在魏晋时期是大红人，而"汤饼"则一直红到现在。"汤饼"还有很多同类，比如"索饼""水引饼"等，这些都可以归入当今的一个面食大类——面条。今天中国人已经将面条发展成一个超级面食大类，说到普及程度，各位，现在要去身边找一个没吃过面条的中国人是不是很难？

胡饼、胡饼，人人爱

自汉代从丝绸之路传入中原的胡饼，到了唐代成为国民最爱。从宫廷到民间，从帝王到官员，从诗人到僧人，要了解胡饼在唐代受追捧的程度，请开足马力去想象。

后来发生的事情证明，胡饼选择唐朝作为栖息地是一件多么有眼光的事情，整个大唐王朝，胡饼店铺随处可见，唐人与胡饼相亲相爱的故事每天都发生，皆因到处都活跃着热爱胡饼的人。

胡饼最初现身的时间并不在唐代，早在汉代就已经传入中原。自公元前二世纪张骞出使西域开辟丝绸之路，随着东西方贸易活动的开展，中原与西域的交流日渐频繁，丝绸之路沿线居民的饮食也顺势东传，这其中就包括大名鼎鼎的胡饼，所以胡饼也可以算是输入的"张骞物"之一。关于"胡饼"一名的由来有不同的说法。其一，"胡"在古代特指北方和西北的少数民族，后来也被用来指国外的民族。或许是为与中原本土物产有所区别，汉人将来自外域的物产统统冠以"胡"字，来自胡地的饼顺理成章被称为胡饼。其二，胡饼上有芝麻，外来的芝麻也叫胡麻，所以这种带胡麻的饼被称为胡饼。

胡饼这种经由丝绸之路输入的外域食品，一落地中原就成为最受追捧的食品之一，到唐代，人们将对胡饼的青睐推向一个新的高度。当时大唐是世界强国，人们对食物的鉴赏力不低，那么多人成为"胡饼粉"，不过是被胡饼特殊的风味所吸引。制作胡饼一般是在面粉中加水，再加入少量油脂一起揉制，做成面坯后在上面撒芝麻，然后放入专门的"胡饼炉"进行烘烤。这样做出来的胡饼一出炉，芝麻浓香扑鼻，同时兼有韧劲与脆性，口感应该与今天的西北美食"馕"相似度达百分之九十以上。

虽说胡饼已经是一等一的美食，但是在创新力爆棚的唐人面前，这还远远不够。在唐人手中，胡饼被玩出很多的新花样，除了烤，还可以蒸，还可以包馅儿烤。比如，最初的胡饼一般是不包馅儿的，唐代有大户人家觉得这样不过瘾，于是研发出巨型的带馅儿胡饼——"古楼子"。先做一个很大的面坯，然后把一斤羊肉碎与椒、豉汁拌匀，再用油酥滋润面坯后，把肉馅儿平铺包入面坯，放入炉中烘烤，等炉中肉香四散、肉刚刚半熟即可出炉。大号的"古楼子"外皮焦黄，内里带椒、豉香的半熟羊肉馅，肉香浓郁、面香醇厚，吃起来非常过瘾。把原本质朴的胡饼改成咬一口满嘴流油、肉汁四溅、豪气干云的"古楼子",符合唐朝人开放包容的风格!紧随其后的宋代人也对胡饼做了很多的花样翻新,大概就是受了唐人"古楼子"之类的启发。

其实最经典的胡饼不过是"面+油+芝麻+烤"的组合,简单的食材搭配、简便的烹饪手法,让胡饼在美食林立的大唐王朝,被一致推举成为最红面食,从帝王到平民,人人爱胡饼。

安史之乱发生,潼关一战唐军大败,都城长安失陷在即,唐玄宗李隆基带着杨贵妃,还有宰相杨国忠等一帮人仓皇间出逃来到了咸阳集贤殿。虽说是帝王,逃跑的路上也是狼狈不堪,眼看太阳高高挂、早过了午饭的时间,午餐却是全无踪影。在一旁的杨国忠眼看唐玄宗等人饥肠辘辘,心里那也是七上八下,不过他脑袋还算转得快,急忙狂奔到市集中去觅食。这杨国忠本是靠杨贵妃关系得以飞黄腾达、升任宰相,对皇帝当然是各种谄媚讨好。现在面对各色食物,他仍能记住唐玄宗的爱好,毫不犹豫选择了胡饼,然后一路小心翼翼捧着跑回来将胡饼献给唐玄宗充饥。有传闻李唐皇室有胡人血统,他们对胡食的喜爱源于遗传,杨国忠此时选择胡饼不过是投其所好!远处是隆隆战鼓、眼前是花容失色的贵妃,不知道唐玄宗能从杨国忠献上的胡饼中嚼出什么滋味。

在追捧胡饼的队伍中不能缺了大唐诗人,著名诗人贺知章就有一个与胡饼有关的故事。年轻的贺知章初到长安,去拜访一个卖药的王姓老人家，想向他请教炼丹的法术，还特地带了一颗很大的宝珠作为礼物。老人家把贺知章客客气气请进家里，见到大宝珠也没有喜形于色，只是让童子把宝珠拿去卖了，买回一堆胡饼，招呼贺知章一起品尝。贺知章一边吃饼，一边心里犯嘀咕："大宝珠啊，大宝珠，怎么就去换了胡饼！"他没有出声，老人家却看透他的心思，说："悭吝之心不除，是学不到法术的哦！"后来，宝珠换回天价胡饼的故事演化为一个成语——"宝珠市饼"，意在劝诫人们轻财宝、弃贪欲。

另一位大诗人白居易也是忠实的"胡饼粉"。白居易在任忠州刺史期间，与好友万州刺史杨归厚常有诗歌酬赠，其中有一首诗专为胡饼而作："胡麻饼样学京都，面脆油香新出炉。寄与饥馋杨大使，尝看得似辅兴无。"意思是忠州的胡饼做出来竟然跟京都一样，刚出炉的胡饼也是面脆油香的，寄几个请杨兄品尝，看看是不是京都"辅兴坊"的味道。白居易提到的"辅兴坊"正是都城长安最著名的胡饼店，因工艺精湛、口味上佳在众多的胡饼店中拔得头筹，引得长安人纷纷前去打卡。"辅兴坊"的胡饼好吃到什么地步呢？据传，他家的饼有一种魔力，一经吃过绝难忘掉，如像白居易在外地吃个胡饼后，心里念念想想还会搬出"辅兴坊"胡饼来对标。

人气极高的胡饼也深得中唐时期宰相刘晏的喜爱。朝廷大臣、国之栋梁是何等风光，但是在大唐做官时参加朝会却

无异于一个体力活，百官上朝，五点多钟就必须进入大明宫的建福门候着。当时交通很不方便，要不迟到，大臣们很早就得从家中出发。某日，一大早天还没亮，刘晏准备入朝，当时天寒地冻、冷风刺骨，冻得人受不了。不过刘晏运气真好，走到半道，竟然遇到一家胡饼店开门了，刚出炉的胡饼热气腾腾，裹挟着芝麻的香气冲破阵阵寒风拽住了刘晏的脚步。这么冷、这么香、这么热，必须买啊！刘晏一边吃着胡饼，一边赞不绝口："美不可言，美不可言！"

大唐人人爱胡饼，这里也包括僧人。大唐高僧鉴真应日本留学僧请求东渡弘传佛法，有一次做东渡前准备工作，鉴真让人去扬州市场采购物品，其中就包括两车胡饼。因为胡饼在烤制过程中，柔弱的面团经火烘烤去掉水分，改变了形状，变得坚硬起来，保质期大大延长，最早是丝绸之路上来往商人们背囊中的必备食品。鉴真一行即将远渡重洋，自然会将胡饼作为粮食储备的首选，前路漫漫，有胡饼饱腹，信念亦会更坚定、更丰满。好吃又好存的特性成为胡饼大受欢迎的原因，时至今日当代版胡饼——"馕"仍然是不少旅行中人背包中的最爱，没准未来某一艘外太空遨游的飞船上也会出现胡饼的身影。

帝王、官员、诗人、僧人……唐人与胡饼有关的故事还有很多。当时大概有这样一种风气：人人都爱吃胡饼，而且以吃到"辅兴坊"的胡饼为荣；那些没吃过胡饼或者说胡饼不好吃的，都不好意思说自己是唐人。

尚食局高手的绝活

唐代宫廷厨房是一个顶级厨师云集之地。因为负责供奉皇帝平常的膳食，尚食局拥有一支庞大的厨师队伍，这支队伍里面藏龙卧虎，有不少身怀绝技的人，比如为冯给事献技的这位老官人。

有美食的地方就保准有做美食的人出没，而唐代宫廷厨房就是一个顶级厨师云集之地。

唐代的繁盛自不必言，在一个物质、文化极其丰富的社会，饮食文化最能体现这一时期的生活风貌，而宫廷饮食则成为当时最高饮食水平的代表。古代中国的宫廷饮食制度从夏朝开始，经历各个朝代的更迭，到唐代，随着国力的强盛，宫廷饮食又发展到一个崭新的高度，其显著标志就是宫廷饮膳管理水平上到一个新台阶。唐代宫廷饮膳管理机构组织完备、分工明确，为数众多的宫廷餐饮从业人员都有各自清晰的职责范围，这种强有力的饮膳管理制度，使宫廷饮食从食材的选择、配送、制作，到饮食卫生、营养保健等各方面都得以掌控，确保皇家饮食的高品质。

唐代宫廷饮食包括三大系统：宫廷（负责祭祀、朝会、宴会所需的饮膳事宜，以及皇帝的日常饮膳），内廷（负责后宫妃嫔饮食），东宫（负责太子饮食）。这其中宫廷饮食管理机构级别最高，下设光禄寺和直属殿中省的尚食局两个部门。光禄寺主要掌管用于郊社、祭祀、大朝会、朝臣朝会之后的膳食供设；尚食局主要负责供奉皇帝平常的膳食。

相比较，尚食局才是宫廷中的厨房重地：因为需要每日制作御膳，所以必须时刻遵守食物的四时禁忌、调和五味；为确保食物安全，进奉的御膳需要试吃；对各地进贡的山珍海味要分门别类妥善保管……从肩负的责任不难看出尚食局的重要性，正因如此，这个部门人数少不了，在唐文宗时期，光是负责御膳的厨师就多达八百多人。当然这么多的尚食局厨师不是每天同时上岗，而是分为三组，或者四组轮番上岗。这几百个御膳厨师个个都因有一技之长才被选中到宫中当差，虽然地位不高，但是厨艺绝对不能小瞧。

介绍大唐尚食局的概貌是做铺垫，现在是时候请出今天的主角尚食局的高手了。

话说唐宣宗时候，某天有一位冯给事（姓冯的办事员）去中书省等候宰相召见，遇见一位穿红衣的老官人也在那里等候通报。当时夏侯孜任宰相，冯给事进去后与宰相谈工作，一谈就谈了很久。等冯给事出来天色已晚，没想到先前那位老官人还在原地眼巴巴地等通报。冯给事便喊人去问是什么情况，老官人赶紧过来解释，说："我新进被选为尚食令，有事情要参见宰相。"冯给事知道原委后，很热心地请人帮忙给老官人通报，老官人才进去见了宰相。老官人进去不一会儿就出来了，看见冯给事还在，就过去表示感谢，说："若不是给事帮忙通报，我今天就见不到宰相了。我是尚食局餢子手，请问给事家在何处？"老官人口中所说的"餢"，是一种饼食，"餢子手"就是做饼的厨师，这位老官人在尚食局专门负责做饼。古时候"饼"的外延很宽泛，可以指称很多不同的面食。"餢"后来也被写作"堆"，比如至今仍然在中国南方流行的"煎堆""油堆"。

听了老官人的问话，冯给事回答："我家住亲仁坊。"老官人说："我想向您展示一下我的手艺，以表达我的谢意，不知给事啥时候得空呢？"冯给事清楚能在尚食局谋事的人大多是高手，有机会见到高手露绝技当然是好事从天降，连忙开心地点头，说："明天我可以在家等你，需要我提前准备什么东西吗？"老官人胸有成竹地说："请准备大台盘一只，木楔子三五十块。还有油锅、炭火以及上好的麻油一二斗，南枣、面粉少许。"

冯给事平时也爱吃，对烹饪相当了解。想着老官人次日要来，冯给事心里乐开了花，回到家就立即按照老官人的吩咐让人去准备东西，还特意在厨房那里挂了一幅帘子，以便与家人一起观看老官人献艺。等一切都安排妥帖，只等老官人上门。

第二天早上太阳刚刚露脸，老官人如约而至。与冯给事寒暄几句，喝了杯茶，老官人便起身离开客厅去到厨房。一进厨房，老官人立马来了精神，只见他利索地脱去外面的长衫，换了靴子，端端正正戴上一顶小帽，穿上青色半袖衫、三幅裤，系上花围裙，套上花袖套。一眨眼工夫换装完毕，刚才那个平常老官人不见了，变作神采奕奕、容光焕发的大厨。

老官人开始围着事先准备好的台盘等物件仔仔细细地检查，发现有不平整的地方，马上用小木楔子插进去填上进行平整。等一切就绪，老官人一抖手取过锅，三下五除二把面粉放进去加水和好，放到一边饧着。然后又伸手从围裙中取出一只银盒、一把银篦子、一把银笊篱。厨具是厨师安身立命的工具，也是施展才华的帮手，好厨师都会将称手的工具随身携带，老官人也不例外。眨眼的工夫，老官人已经把南枣做成了馅料，妥妥地放进银盒。

一旁，炉火已经点燃，随着加热，锅中的油开始泛起越来越密集的小泡。老官人也不急，从容不迫取出饧好的面团一番整理，又从银盒中取出一团馅料，像变戏法一样以最快的速度把馅料包进面团；随即，老官人迅速转动手里的面团，随着转动，面团逐渐变成圆球。这时有一些面从他的指缝中被挤出来，他就一手托住圆球，一手用银篦子把多余的面刮掉。不一会儿，面团已经完全改变了旧模样，变成一个光滑的圆球，通体泛着玉色的光。

　　油温正好，老官人把圆球轻轻地滑进锅中，接着用银笊篱时不时拨弄一下圆球。拳头大的圆球仿佛爱极了这游戏，伴着噼噼啪啪炸油的轻快声音，在热油中欢快地滑行、翻滚，然后以肉眼可见的速度膨胀。转瞬间，在热油的激发下，玉色小圆球涨大到原来的三四倍，玉色褪去，被代之以浅浅的金黄，娇嫩的外皮竟然变得硬硬的，好似拥有了金石之坚。

　　时候到了，老官人用银笊篱将已经变色的圆球迅速捞起，投入新打的凉水中过冷后，放到一旁晾着。等待的时间里老官人也不曾有半点的松懈，他木桩一般立在桌前，凝视着面前湿漉漉的半成品，目光平静中带着关切。时间静静地流逝，圆球表皮水汽逐渐晾干，老官人抖擞精神带着圆球重返锅边。

　　热锅坐油，待油温再一次升高，老官人把晾好的圆球重新投入油锅开炸。热油以极大的热情拥抱了再次投入自己怀抱的圆球，圆球也当即以澎湃的激情回报。在老官人的帮助下，圆球在热油中急切地翻滚，用自己的每一寸肌肤去亲吻热油，它逐渐成熟，略带青涩的浅黄不见了，热油为它镀上一层饱和度更高的高傲而尊贵的金黄。

　　不再耽搁，老官人非常肯定地将银笊篱伸进油锅，迅疾地把金色大圆球捞出，紧接着他潇洒地一抖手，圆球在空中画了一个弧线，稳稳飞落在台盘上。也许因为太圆，也仿佛是还在回味刚才油锅里热辣的翻炸，金色大圆球根本停不下来，在台盘里旋转不停。

帘子后面冯给事一家人已经被这旋转的金色大圆球震住，直到金球在台盘里立稳，他们才长长出了口气回过神来。金球登场，光芒万丈，这老官人哪里是厨师，分明就是个魔术师啊！

至于味道，对不起，其味脆美，不可名状！

欢喜魔幻
"赵大饼"

行业高手往往都有各自的异于常人之处，比如赵雄武那些奇奇怪怪的规矩，厨房里咸风八面、……以及这一系列古怪后面藏着的对行业的深切热爱和从业者高度的自律！大饼……永远吃不完的魔幻

各行各业都有高手隐匿于民间，厨师界概莫能外。

话说五代十国（907—979）时期，唐朝灭亡后十几个政权更迭，大大小小的皇帝顶着不同的国号你方唱罢我登场，好不热闹。虽然诸国林立、兵祸连年，但是在遍天下的混乱中，有些小国竟然还能偷个空发展自家地盘的经济，比如前蜀守着天府之国这块风水宝地，兴水利、垦农田，把经济搞得很是活跃，人们生活逐渐富足起来。

这个时候蜀中出了一个叫赵雄武的名人，不同于一些空说无凭的"假"名人，这位赵雄武的大名是被当地的地方志收录的。

为什么赵雄武那么出名，其中一个原因就是——非常有

钱，他是远近闻名的大富豪。赵家堆金叠玉、家产丰厚，但是赵家不是皇室豪族世袭，不与王侯将相沾亲带故，也没有人当大官领优厚的俸禄，当然更没人明火执仗、打家劫舍，那他家的财富从何而来呢？探究赵家的财富积累轨迹，就会发现那条颠扑不破的真理——凭手艺发财！赵家致富的手艺就是厨艺，到赵雄武这辈儿，满打满算他家有十五辈人干厨师行，所以，赵家是个厨师世家，赵雄武的厨艺源自祖传。一般来说会做饭的人运气都不差，会做饭的家族能一代一代福旺康泰自是不在话下。

虽说富甲一方，赵雄武身上却没有一些有钱人贪图享乐、骄奢淫逸的臭毛病。秉持家里的银子不乱花、该做的事情自己做的原则，赵雄武把家事安排得井井有条，后勤杂务放心交由两个婢女去打理，因为自己精通厨艺，赵家从来不请厨师，一家老小的餐饮都由赵雄武亲自操办。

技艺高超的人除开天赋，往往都拥有高度的自律。即便是在自己家下厨，赵雄武也没有半点马虎，他给自己定下不少规矩。比如每次进厨房之前，赵雄武都会脱掉长衫，换上窄袖的衣服，把自己收拾得干净整洁后，才郑重其事地推开厨房的门，仿佛不是去做一餐家常饭，而是去参加一场厨艺秀。

赵家也会时不时宴请客人，但是有一个很奇怪的规矩：每餐只能邀请一位客人。有幸受邀参加过赵家家宴、见识过赵雄武厨艺的人都说，宴会上水陆俱备，无论是食材，还是滋味，远超王侯之家。因为受邀机会太少，希望参宴的人太多，就有人忍不住去央求赵雄武，恳请他放宽参加宴会的人数限制。但是无论什么人前去游说，赵雄武都不松口，自己定下的规矩哪能随便打破。因此每次有人赴宴回去，总有人蜂拥前去打听宴会细节，吃不到，听一听算是假装在现场。如此一来，赵雄武的厨艺在传闻中已经堪比神技。

而传闻中赵雄武就是身怀绝技之人，这个绝技就是——做大饼！前面也说过，中国人自从掌握了小麦磨粉的方法后，就在做饼、吃饼的道路上一路开挂，到五代十国时期，各式各样的"饼"已经成为最普及的食品。虽然当时会做饼的厨师很多，但是赵雄武却能凭绝技在做饼界拥有显著名声，那是因为他做的是真正的"大"饼。

赵雄武擀一张大饼光是面粉就要用到大约五十千克；做好的饼有多大呢，让人呼啦啦铺开能占好几间屋子。有人家摆流水席请客，请赵雄武去做了一张大饼，客人到了赵雄武就用刀把饼切成小块请大家品尝。参加宴会的客人来来往往、络绎不绝，但是无论来多少人，无论来的人肚量有多大，怎么也吃不完这张大饼。一传十、十传百，赵雄武的绝活就这样传开，听闻赵雄武绝技的豪门贵族越来越多，家里办宴会的时候，纷纷请他去为客人做大饼。不知怎么皇帝也得知有一个做大饼的能人，于是，在宫廷举行宴会的时候，赵雄武还进到皇宫在皇帝和王公大臣们面前好好地露了一手。渐渐地，赵雄武做大饼的名声越来越大，人们就送他个

"赵大饼"的雅号。

至于做大饼的方法，没有人知晓。赵雄武的厨房重地是挂了闲人免进牌子的，而他在厨房中强大的气场吓得人连偷窥都没有胆量。有至亲好友去打听，再怎么软磨硬泡，许多年过去了，赵雄武从来没有吐露半个字。

赵雄武之后，方子、绝技都随斯人而去，从此世上再没人会做这硕大无比的大饼。

重阳糕上
彩旗飘

宋人靠着积极热情的生活态度，承接前代习俗，把"重阳糕"玩出新花样。宋人过重阳节留下不少趣闻，唐宋诗人隔空"题糕"的故事就饶有趣味。而宋人在制作面点时对造型的重视，让"重阳糕"一成为艺术品一般的存在。

　　一代有一代之美食，历史的车轮转到宋代，宋人就凭借积极热情的生活态度，在承接前代习俗的基础上，让重阳糕有了一番新气象。

　　要说重阳糕，就得倒带回去梳理一下重阳节的有关信息。重阳节时间在中国农历的九月初九，根据阴阳观念，数也分阴阳，"九"是最大的阳数，两个"九"相重合就称"重九"。两个"九"整齐地出现在某一个时间点上，就让这一天具有了多重特殊意义。其一，两个九在一起寓意日月并应，宜于长久，能招福、纳吉、求寿。这也是后来将九月初九定为"老年节"的原因之一。其二，"九"虽然是阳数，但是阳极必衰，重阳之后，阴冷之气袭来，带来病害，这一日为凶日，应在此日辟邪消灾。那么怎样才能消灾纳吉呢？汉代那个既能悬壶济世，又能入山修仙的著名方士费长房给出建议：莫在家中留，茱萸臂上抖，人往高处走，喝点菊花酒，灾祸就没有！

汉代已经出现九月初九过重阳节的习俗，当时过节的内容大概包括：戴茱萸，登高，吃蓬饵，赏菊花，饮菊花酒，等等。蓬饵是一种米粉做的糕点，原材料大多用的是带有黏性的黍米，软糯的蓬饵可以当作是重阳糕的雏形。汉代的人认为吃蓬饵与登高、赏菊、饮酒、戴茱萸等一样，能帮助人躲避灾厄。

重阳节在唐代很受重视，发展成为国家的法定假日，皇帝还会在重阳节大宴群臣。那天，人们吃的节令食品是蓬饵的进阶版麻葛糕、五色糕。

到宋代，重阳节所食的糕点正式名为"重阳糕"，据说是因为重阳节登高的习俗古已有之，"糕"与"高"谐音，"高"有"进步、长高、高升"等积极正面的意思，用来命名重阳节专属节日糕点非常符合人们招福纳吉的愿望。中国幅员辽阔，各地地貌不同，有山的地方人们逢重阳爬山登高没问题，住在平原的人过节找不到可以登高的山，或者一些人身体条件不能登高，可怎么办？重阳节节日食品以糕为后缀，以吃糕代替登高，正好可以满足所有人在重阳节登高的愿望。

"糕"这个字出现比较晚，因此还顺带出一个跨时代隔空"题糕"的故事。

有一个重阳节，唐代著名诗人、"诗豪"刘禹锡与好友一起戴着茱萸登高饮酒过节。诗人的聚会当然少不了要联句作诗助兴，至于写什么，刘禹锡拿起一块甜糕，嚼了一下，马上有了想法，就用重阳节最应景的食品糕来入诗。正要动笔，刘禹锡突然转念一想，不对啊，这个"糕"字虽然意思好，又应景，但是五经中却找不到这个字啊！他琢磨一阵，既然经书上都没此字，那就别用了。于是刘禹锡放下了笔。刘禹锡这是想"题糕"没题成。

到了北宋，又是一年重阳节，写过"红杏枝头春意闹"的"红杏尚书"宋祁也与朋友们一起过节，也少不了文人聚会的固定节目吟诗助兴。站在高处看秋景、喝多了菊花酒、吃了不少重阳糕的宋祁兴致很高，要写诗，眼前这重阳糕可以入题。于是一首《九日食糕有咏》一挥而就，诗里用到"糕"字和唐朝刘禹锡不敢"题糕"的恨。他的诗大意是说古时候五经中提到的那些面粉做的食品，其中不少都可以算作糕类，刘禹锡却不敢用"糕"字入诗，虚负了"诗豪"之名。宋祁认为刘禹锡不敢"题糕"太胆小、太拘谨。后世便以"不敢题糕"寓文人迂腐，以"题糕"寓文人敢于冲破旧的条条框框，大胆写作。

刘禹锡当时为啥不"题糕"已经无从考证，但是说他文风保守实在不敢苟同，或许他以为重阳节那天糕太多，入诗的话会显得太直白、太浅显、太庸俗，毕竟他是有《陋室铭》《竹枝词》《乌衣巷》傍身的大作家，对自己要求高些、严格些也在情理之中。

在宋代，重阳节很受重视，节日美食重阳糕是过节的重头戏，重阳糕做法多种多样，当然也承载了不同的美好愿望。重阳糕的食材没有局限于米粉与糖，开始变得多样化；造型上也更加考究，印证了宋人在面食烹饪技法上对"形"的追求。

宋代常见的重阳糕先用糖和米粉一起做成蒸糕，然后在糕上放猪肉丝、鸭肉丝，再插上小彩旗。插彩旗具有很强的象征意义，把吃糕与登高结合到一起，旗子插在糕上，有"到此一游、做个标记"的意思。小旗子一插，吃糕的人即已登高，可以招福纳吉、消灾避祸了。

有一种叫作"狮蛮果糕"的重阳糕做法非常讲究：上层用五色米粉做成狮子的形状，周围用小旗簇拥；下层把熟板栗肉碾成细末，加麝香、蜜糖一起和匀；把加糖的板栗捏成饼糕，然后造型成小段或者小圆球等；上下两层组装好后，再撒上糖霜。狮子是灵兽，用狮子造型是取狮子能辟邪挡煞之意。五彩的小狮子被彩旗簇拥着威风凛凛立在糕上，色彩缤纷，造型精致考究，从外形打量"狮蛮果糕"，就像是一件工艺摆件。

重阳糕上的装饰如果是彩旗拥着几只小鹿，就被称为"食禄糕"，大概是当官的取个彩头，希望升官发财、多领俸禄。

家有小孩的会把重阳糕做成片状，重阳节那天拂晓时分，长辈会把小孩叫到跟前，把片状的重阳糕搭在小孩的额头上，祝愿：百事皆高！希望孩子快快长高，一切都好！

　　宋代重阳糕，食材多样，造型百变。插旗子，塑狮子，捏小鹿……一块糕被寄予了无数美好的愿望，蕴藏着深厚的文化内涵。宋人将对烹饪美学的高度重视落实到重阳糕的制作上，发掘食材的可塑性与质地美，以意趣附着在形态之上，造就了重阳糕作为节日食品的特殊魅力。

宋人与
包子的狂欢

"包子"一词自宋代开始大行其道，从随处可见的包子铺可以了解包子在宋代的受青睐程度。宋代的包子馅料可荤可素、可甜可咸，最奇妙的是有一种包子的馅料写满了祝福，可以吃，也可以用来占卜……

动画片《功夫熊猫》中充满了引人入胜的中国元素，而在其中代表中国美食的包子看得人垂涎欲滴。有一些不熟悉中国的海外朋友看完电影惊呼：原来包馅的中国美食除了饺子，还有包子！说到包子这种已经具有全球影响力的中国美食，我们就必须致敬热爱生活的宋人。

从传承中创新、在多元中讲究精致，宋人的生活方式影响深远，表现在饮食方面，宋代的面食品类已经完全细化，今天中国人餐桌上常见的馒头、包子、面条、饼等在宋代大多已经成形。

"包子"一词是自宋代开始流行的，有时候宋人高兴起来也把"包子"称为"包儿"。估计"包子"一词热度的飙升与包子受欢迎程度的提升和逐渐增多的包子铺有关。北宋时期出了一位奇人孟元老，他写了本追述北宋都城东京城市风俗人情的《东京梦华录》，其中酒楼和各种饮食店部分的内容非常丰富。孟元老站在美食观察者的角度，通过实地考察，凭一己之力做出世界上第一份餐饮排行榜，《东京梦华录》实实在在地展示了当时餐饮业的发达盛况。进入孟元老餐饮榜单中的店铺在当时都是各有千秋、名噪一时的，其中有一家叫作"王楼"的店，孟元老对其制作的"山洞梅花包子"给予了首肯。至于"王楼"是不是包子专卖店，"山洞梅花包子"到底啥样子已经无从考证，但是可以肯定这家店是因为出品特色"包子"才被孟元老列入榜单的。在南宋都城临安（今杭州），有酒店干脆就直接命名"包子酒店"，此店出售的"鹅鸭包子"非常有名。

虽然已经有了"包子"一词，还是有不少的宋人坚守前代的传统，只要是小麦面发酵蒸出来、不管有馅儿还是无馅儿，都称为"馒头"。也就是说宋代的包子、馒头均有馅料，有专家猜测二者的区别在于馒头个大皮厚、包子个小皮薄。不排除当时有实心馒头的出现，但是可以肯定的是宋代有很多包馅儿的馒头——包子，而且此后包子还用"馒头"的名、揣着五花八门的馅料出没了很久。所以，在宋代如果看见有店家招牌上有"馒头"二字，千万别误会人家是卖实心馒头的，这其实最有可能是一家包子铺。

宋人积极认真生活的样子非常可爱，这从他们对待包子的态度上可见一斑。在宋人那里，包子馅儿可多可少、可荤可素、可甜可咸，是绝对的花样百出，挂"包子"名的有鳝鱼包子、大包子、鹅鸭包子、薄皮春茧包子、虾肉包子、细馅大包子、水晶包儿、笋肉包儿、江鱼包儿、蟹肉包儿、野味包子……挂"馒头"名的包子有羊肉馒头、独下馒头、灌浆馒头、四色馒头、生馅馒头、杂色煎花馒头、糖肉馒头、太学馒头、笋肉馒头、鱼肉馒头、蟹肉馒头、笋丝馒头、裹蒸馒头、菠菜果子馒头、糖饭馒头……怎么样，是不是有点眼花缭乱、目不暇接的感觉，宋人这是在"无所不包"啊！

　　包子已然成为宋人的日常面食，从朝廷官员到平民百姓，都一致喜食包子。这里介绍北宋两个帝王级别的铁杆包子粉。1010年5月，宋真宗迎来了自己第六个儿子的诞生（这个儿子就是后来的宋仁宗），群臣纷纷前来道喜。平日里宋真宗很爱吃包子，遇到这特别开心的日子，马上吩咐宫中准备好包子赐予群臣，要与群臣分享自己的喜悦。等接过包子一吃，道喜的群臣却从包子中吃出了满满的惊喜，包子里面怎么金光闪闪，揉揉眼睛仔细打量，馅既不是肉，也不是菜，更不是豆，而是真正的金珠啊！

　　宋神宗对教育非常重视，曾经推行过一系列的教育改革措施，其中就包括改革太学。当时的太学简直就是读书人的福地，包吃包住。宋神宗不但关心学子们的学习，对他们的生活起居也很惦记，不时担心学子们因吃不好影响学习。有一天，宋神宗下旨要视察太学，还要与学子们一同进餐。当天太学厨房供应的是馒头（包子），神宗尝过馒头后大为满意，说："有这样的馒头供应学子，朕没有遗憾了！"从此被皇帝金口点赞的"太学馒头"名声远扬。

到了南宋，"太学馒头"照样受追捧，大英雄岳飞的孙子岳珂吃过"太学馒头"后专门写了《馒头》一诗。诗中描述的"太学馒头"形状好似小圆壶，外皮犹如白莲一般光滑白洁；咬开后猪肉馅粉嫩诱人，里面有浓郁的椒香扑鼻，让人垂涎欲滴。连皮带馅入口，外皮松软中带着绵实，内馅中的猪肉椒香独特，口感饱满，十分解馋！

宋人的包子馅料五花八门，面对市面上馅料各异、口味不同的包子，性格执拗的王安石眼里却只有"羊馒头"（王安石好读的故事版本不少，吃的东西各异，在此我们取"羊馒头"一说）。这"羊馒头"就是羊肉馅的包子，京城的饮食店铺中多有出售，其中有一种较小的"羊馒头"更是王安石的最爱。据传王安石喜好读书，每逢得了新书就手不释卷、如痴如醉。遇到王安石读书上瘾，家人不敢打扰他，就把他最喜欢吃的"羊馒头"端到书房。王安石倒好，一边看书一边吃，一手举书，眼光不离书本；一手去盘子里摸"羊馒头"，取来信手放入嘴里，连筷子都不用。书的内容太吸引人，"羊馒头"的滋味也非常妙，不知不觉一大盘下肚，频频打嗝，王安石不好意思地发现，自己又吃多了。别忘了，王安石是个生性节俭、严于律己之人，能让他放弃自律的"羊馒头"味道该有多好啊！

包子在一些权贵家里也是美食，比如蔡京家里，蔡家对做包子的讲究只能说是非同寻常。有一个笑话，说当时有一个士大夫新招一个侍女，这个侍女自称曾是蔡京府里的厨娘。士大夫好吃，以为捡到宝了，把侍女带回家后就叫她做包子给自己吃。没想到侍女却连连摇头推辞："做包子，这个真的不会啊！"士大夫一听大为光火，责怪："你在蔡府厨房干活，为啥不会做包子？"侍女难为情地回答："我是蔡府'包子厨'中专门收拾葱丝的，其他的都不让插手。"蔡府厨房设有专门的"包子厨"，做皮、和馅甚至切葱丝都设置独立岗位，由专人负责。由此，这位侍女不会做包子，只会切葱丝真怪不到她头上。

除了吃，包子在宋代官员手上还成了占卜工具。逢年过节的时候，达官贵人家里时兴做一种叫作"面茧"的厚皮馒头（包子），有肉馅，也有素馅。这种"面茧"外形呈茧形，与包子类似，肚子里却与众不同，馅中要包上纸签，或者削得薄薄的木片，这些纸签、薄木片上写着不同的官品。人们吃的时候随意取，以此来占卜未来官位的高低，因此这种包子还有个名字叫作"探官茧"。用包子占卜在当时很流行，集市上有头脑灵活的商贩从这种带占卜功能的包子上看到了商机，会专门制作包在馅里的纸签、薄木片出售。有时除了官品，商贩还同时写一些吉祥话在纸签、薄木片上，以增加趣味、扩大销路。但是，因为没有文化，商贩们销售的占卜条上写的话大多粗鄙，往往被官宦之家嫌弃。有条件的

官宦之家就会在过节前夕自家做占卜条，吉祥之词大多从古今名人警句中挑选，以显示高雅。

在包馅儿食品里面放吉祥语纸签的习俗传承下来，还流传到海外，演变为"fortune cookie"（签语饼）。"fortune cookie"是一种烘烤制成的圆形内空小点心，吃的时候掰开，就会发现里面包着小小一张印着中英文格言、祝福语的纸签。起初是海外中餐厅将"fortune cookie"当作餐前休闲食品或者餐后甜点请客人免费品尝，后来，因为这种藏有祝福、鼓励的小点心很受欢迎，不少西餐厅也开始用"fortune cookie"来招待客人。海外朋友大多知道"fortune cookie"源自中国，只是因为现在中国本土不太能见到用类似小点心待客，有人便疑惑它的出处。其实，不用怀疑，"fortune cookie"的源头可以追溯到宋代名为"探官茧"的包子那里。

经过宋人的锦心妙手，包子在宋代基本成熟定型，同为发酵面食，包子抛开了实心馒头的憨直，用带规矩的自由将不同食材、各种滋味深藏于心，以寓意圆满的外形，吸引人将吃包子的过程变作充满趣味的猜谜游戏，咬开面皮、谜底揭晓的那一刻，才会发现馅料里原来藏着那么多的美好！

这是中国人的饮食哲学。

馄饨可乐事

光从名字看，馄饨就多少带些传奇色彩，同样是包馅食品，馄饨凭自己内外兼修的独特口感在面食界占得一席之地。古人一边吃馄饨，一边顺手创作出好多与馄饨有关的故事，馄饨不仅能饱腹，还能逗乐子。

中国人为面食命名的方式千奇百怪，馄饨算其一。

有人认为馄饨外形像鸡蛋（请开动脑筋推测古代馄饨的模样），有天地混沌之象，所以得名。关于"混沌"的神话，如庄子描述的中央之帝混沌，能开天辟地的盘古等都可能是"混沌"的来源。按照这种说法，再看今天的馄饨用方形皮包馅儿成一团，圆形指代天、方形指代地，馄饨一包，方圆混合，天地界限消失，还真有点"混沌"的意思。

馄饨的来历是一个很有吸引力的课题，连英国科学大咖李约瑟也加入对它的探究。他认为：馄饨即"混沌"二字换上食字旁。这是一道汤菜，用很薄的面皮包肉做成……馄饨一定与上古的混沌有关，一定与上古的祭祀和驱邪的风俗有关。

而明代大才子张岱则一口咬定"石崇作馄饨"，不知道他的根据是什么，反正他认定西晋时期那个以奢靡夸人的大富豪石崇与馄饨的出现有关系。

不管馄饨出处在何方，有一点可以肯定，中国人早在汉代前就吃上了这种皮包馅、卧在热汤中食用的美食。到魏晋南北朝时期，建康（今南京）城七种最佳美食中就有馄饨。到唐代，馄饨已经成为寻常食物。宋代，上至帝王，下到百姓，从北到南的人们都喜欢吃馄饨，随着馄饨的普及，开封、临安等大都市都出现了馄饨专卖店。宋人还有在每年冬至日吃馄饨的习俗，一般人家吃碗简单的馄饨过节，高门大户富贵之家则会精心准备数十种不同馅料，号称"百味馄饨"。

因为喜爱，所以寻常；也因为寻常，才更加可爱。在馄饨普及的过程中，关于馄饨的故事也越来越多，其中就有不少可乐事。

山东人张咏是宋太宗、宋真宗两朝的名臣，也是一个传奇人物。张咏性格刚直不阿、不从流俗，也很有治理才干，在益州（今成都）做官的时候政绩卓著。张咏的政绩之一就是为了方便往来客商交易发明了"交子"，相当于现在的纸币，所以张咏被称为世界上最早的纸币发明者。张咏身上有很多的故事，其中一个与馄饨相关。

张咏个性刚直，也很能干，但是他有个毛病，就是相当急躁，是个出名的急性子，故事就发生在张咏在益州做官时期。益州当地人觉得馄饨这么美味的东西，只在冬天享用，实在太浪费，于是决定一年四季都吃馄饨。张咏去后入乡随俗，跟着蜀地人学，大夏天也不放弃馄饨。有一日，张咏来到一家馄饨店，外面骄阳似火、蝉声聒噪，不一会儿，小二为张咏端上一碗热气腾腾的馄饨。要知道馄饨是热食，即使在冬季吃，因为怕烫嘴，讲究点的人都会拿把扇子摇一摇扇凉，一般人则会用嘴吹凉再吃。暴脾气的张咏又饿又热，哪管什么烫嘴不烫嘴，恨不得把一碗香喷喷的馄饨马上吞进肚里。一手筷子、一手汤匙，张咏猛一低头，没料到头上的头巾带子跑来凑热闹掉进碗里，张咏不耐烦地把沾着汤汁的带子甩上去。再一低头，一个馄饨还没夹到，那带子仿佛故意跟张咏作对再次掉了下来。这下惹得张咏气不打一处来，他二话不说，呼啦一把扯下头巾带子丢进碗里，吼道："你吃吧，吃个够！"说完，气鼓鼓地站起身，把筷子、汤匙往桌上一扔，拂袖而去。唉，这家伙气焰万丈跟一根带子较劲，耽误了一碗好馄饨！

馄饨这么好吃的东西，皇帝又怎能错过，宋高宗就经常吃馄饨。据说有一次，一个御厨犯迷糊把没有煮熟的馄饨给宋高宗端了上去，宋高宗一尝，龙颜大怒，当即喊人把那个倒霉的御厨打入大牢，准备不日问斩。

有几个宫中的滑稽演员是这个御厨的朋友，知道这事后很着急，想救出自己的朋友。几人一合计，就商量改了台词。演出时，台上两个演员装模作样相互问生日，一个说："我是甲子日生的。"另一个说："我是丙子日生的。"紧跟着第三个人咋咋呼呼跑出来夸张地说："启禀皇上，这两人应当下狱处斩啊！"宋高宗不明就里，乐呵呵地问为啥，那人便回答："夹子、饼子（二者都是食品，与"甲子""丙子"谐音）皆生，与那个馄饨都煮不熟的人同罪！"宋高宗一听恍然大悟，大笑起来，煮馄饨不熟罪不至死，当即吩咐左右去把御厨给放了。

相传到了元代，著名收藏家乔仲山爱吃馄饨，他家里人就琢磨出很特别的馄饨做法。乔家的馄饨模样还是皮包馅儿，端上来也是在汤里，但是，凡是吃过他家馄饨的人无不称赞滋味异于寻常。乔家秘制馄饨的美味传开后，常有人上门来索食。乔仲山朋友多、脾气好，有人登门，他都笑脸相迎，请人上座品尝自家馄饨。长此以往，乔仲山有点招架不住，但是他面子薄，不好意思当面回绝那些找上门来的朋友。

又一日，到饭点，乔家又是高朋满座，只是等馄饨端上来的时候，大家发现今天怎么碗边多出一张折叠的纸条，纸条上还写着几个字："请用完再打开！"众人也顾不上太多，眼前馄饨实在太美让人离不开视线，只见那煮熟的馄饨肉馅粉嘟嘟地鼓着，被薄薄的皮包裹着，柔弱地半浮在汤中。有性子急的忍不住用白瓷勺往汤中一探，打破了原本宁静的一汪汤水，馄饨一下子苏醒，在汤里游动起来。逮住一

个馄饨尝一口，烫，给舌头一个"暴击"，但是几乎在同时软糯柔滑的馄饨皮赶来安抚，紧接着带有独特清香的细腻肉馅彻底俘获了舌头，定睛一看切成米粒大小的鲜笋镶嵌在肉中，因吸饱水分和油脂如玉石般闪耀，再细品馅中还隐隐约约有川椒和杏仁酱的香气，新奇、别致，又恰到好处，好一番用心！

大家尽情吃完馄饨、喝尽汤，按照主人家吩咐打开纸条一看，原来上面详详细细写着乔家做馄饨的秘方。众人心领神会，各自散去，自此再无人上乔家蹭馄饨。作为收藏家的乔仲山大方把做馄饨秘方公之于众，实在是出于无奈。

羡慕吧？馄饨不但饱腹，还可以悦心，古人连吃个馄饨都能吃出这么多的欢乐，要不要学一学？

"手饼卷肉"让倪瓒爱不释手

倪瓒是元代艺术界的翘楚，其诗书画历来为世人所称道，而他留下的一本《云林堂饮食制度集》也同样给人惊喜，这惊喜包括让倪瓒爱不释手的"手饼卷肉"。

下面要说的美食与元代画坛 "元四家"之一的倪瓒有关。倪瓒（1301—1374），无锡人，出身豪门巨富之家。倪瓒家里有多富呢，举一例，他家有一栋藏书楼，高三层，楼中藏有大量书籍，经史子集、佛经道籍多达数千卷，还有相当数量的名家书画、古玩名琴罗列其间。

生活在富裕家庭环境、享受优渥生活的倪瓒不同于一般的纨绔子弟，他自幼喜爱与书卷为伴，每日在家中藏书楼里与经史子集缱绻，与佛经道籍缠绵，潜心揣摩前代书画大家的作品，有机会就约上三五好友游山玩水、吟诗作画。倪瓒曾经这样描述自己的生活状态：宅在家中读诗书，出门也就会朋友。闲暇吟诗或画画，针砭时事发牢骚。在万贯家财的支持下，倪瓒潇洒地过着逍遥自在的文青生活。

随性的倪瓒喜欢交友，元末明初几乎大半个艺术圈的人都与他成为好友。倪瓒交友不管出身贵贱、身份高低，无论达官贵人，还是僧人道士，只要在诗、文、书、画上有一定的建树，倪瓒就会跟他们聚到一起意兴盎然地切磋画技、推敲诗文。所以，打开倪瓒的朋友圈会发现一串闪光的名字：赵孟頫、黄公望、吴镇、柯九思、张雨、虞集、陶宗仪、高启等。

雄厚的家底让倪瓒用起钱来无所顾忌，尤其是对师友相当大方：出手阔绰，宴请各方朋友是常态；师傅去世，他豪掷千金为师傅举办隆重的丧礼；有朋友家境贫寒，没关系，赠以巨金周济。

后世提起倪瓒，最推崇的是他的艺术功力。倪瓒原本天资聪慧，经过多年潜心苦练，他成为一个诗、书、画三栖艺术家。他的绘画作品内容疏简、意境深透，其雅逸之风，最为后人称道，是中国文人画的典型代表。在倪瓒几十年的创作生涯中，鲜有人物画，相反他对自然山水有一种偏执的喜好，画作的主角总是山水林木，比如他最让人津津乐道的《六君子图》，主角便是松、柏、樟、楠、槐、榆六种不同品种的树木。他的书法作品，如《秋林野兴图》的题字，以简驭繁，韵致古雅疏淡，在博采众长的基础上自成一派。倪瓒还擅长诗文，在绘画作品上的题诗，常有诗句因清新古雅被人称赞。因此，倪瓒的诗书画曾被誉为"三绝"。

在那些绝妙的诗、书、画作品之外，倪瓒还抽空写了本菜谱，并用自己的别号"云林"为菜谱命名——《云林堂饮食制度集》。整个元朝一百多年里，传世的烹饪书寥寥无几，掰着指头数，北方有宫廷太医忽思慧的《饮膳正要》，南方则是倪瓒的《云林堂饮食制度集》。

一万多字的《云林堂饮食制度集》记录了菜肴、面点、茶、酒等五十多种，虽然归类不太严谨，记录编写有些随意，却是对元代江南望族饮食的鲜活写照。在倪瓒所记载的那些花花绿绿的豪门大菜中，有一道"手饼卷肉"着实妙得清新脱俗。

"手饼卷肉"得先做肉，倪瓒将这款肉称为"川猪头"，他详细地记载"川猪头"的制作步骤，作为一个有洁癖的人，文字中很明显地显示出倪瓒对食物洁净度的极高要求。制作步骤：猪头不用劈开切块，将整个猪头放到柴火上熏烤，再洗刮去除杂质，要洗得非常干净，倪瓒在此指出清洗工作要达到"极净"。将洗净的猪头放进白水中煮，不放任何调料，连盐都不能放。煮一阵就要把水倒掉，另换干净水，其间要换五次水。倪瓒强调的换水五次，充分显示出他的洁癖本色。换水过程中，猪头已经慢慢被煮熟，其中的肥腻油脂也随水而去，即便不放任何调料，经过长时间高温的激发，猪头已软烂并释放出自然本真的肉香。

将煮熟的猪头取出放凉，考验刀工的时刻来到，刀头的寒光在猪头上一闪而过，不多时，猪头已经脱胎换骨，变成一堆暖玉色的柳叶状薄片。

然后，在猪头肉片中加入切成长段的葱丝、韭菜、笋丝或者茭白丝，清爽素菜的搭配加工非常讲究，主角猪头肉被切成了薄片，那么配菜就不能喧宾夺主，一律切成丝好充当配角。接着加入花椒、杏仁、芝麻增香，放入盐拌匀提味，淋上少许酒以放大鲜香，全部食材搅拌好后放入蒸笼里稍蒸片刻，这最后的一蒸让原本无味的猪头肉充分吸收了配菜与调料的滋味。至此，"川猪头"完成了所有的规定动作，只等着最后的华丽登场。这种制作猪头肉的方法流传至今，演变为"白猪头肉"。"白猪头肉"肉质白润，口感爽脆，保持住了猪头肉的原汁原味，其烹饪方式与倪瓒家这款"川猪头"如出一辙。

卷肉的饼做法：准备好面粉，在面粉中加入少许盐；烧适量开水，趁滚烫立即倒进面粉中，搅拌均匀；将经过开水烫制后的面絮不停揉捏成团，再把面团擀开成小碗碗口般大小的一张薄饼；将饼坯放进平底锅里烤至熟，其间可以根据需要多次朝锅中洒少许盐水。刚出炉的饼不要着急上桌，要先用湿布盖好焐一焐，这样出来的饼口感会更暄软。"手饼"的做法类似今天的烫面饼，经过开水烫制的面一部分淀粉被烫熟发生膨化，面团的硬度降低很多，烫面做出来的饼劲道中带着特殊的绵软，与那先前精心烹制的"川猪头"是最佳搭档。

吃的时候取一张饼，摊开，将蒸好的"川猪头"放入卷

好，即可开吃。吃这"手饼卷肉"最妙的是吃的过程，好似在洞天福地移步观景：面饼包裹住馅料自成小小一世界，竖着咬开一口马上发现别有天地，玉色的肉、碧绿的菜、星星点点的芝麻，挨挨挤挤立在饼圈里。一边欣赏这个被突然打开的奇异小世界，一边品尝，饼的面香与韧劲带动着随之而来的肉与菜的滋味，香糯弹滑与清爽的口感同时触动味觉，在口里打造出一个繁花盛开的春天，让人欲罢不能。有肉不腻、有菜不寡，有滋有味、清新脱俗，这样的"手饼卷肉"便是反肉主义者也难以拒绝。

《云林堂饮食制度集》是元代江南豪门饮食的缩影，那些鸡鸭鱼肉、螃蟹虾米，包括这道精致的"手饼卷肉"都是倪瓒富裕生活的摹写。

天有不测风云，人有旦夕祸福，倪瓒二十八岁那年，兄长的病故像一把利刃，在他人生历程上狠狠地划拉了一刀，倪瓒悠闲富足的生活被拦腰切断。只懂得作画吟诗、结交朋友的倪瓒根本不会打理家务事，再加上平日里大手大脚习以为常，家中财力渐渐不支。但是，为艺术而生的人哪怕对待钱财生计也不会走寻常路，元朝末年大动乱前夕，刚过不惑之年的倪瓒仿佛有先知先觉，突然做了一件让人大感不解的事情，他散尽家产，弃家出走，踏上浪荡江湖之路。曾经孤傲、有洁癖的倪瓒，其生活与之前相比有天壤之别，他居无定所、到处漂泊，有时在友人家中借宿，有时在古庙中藏身。即便生活如此艰难，凄苦潦倒的倪瓒仍然能坚持艺术创作，只是作品中有了更多的忧伤愁绪。倪瓒曾经感叹"天地间不见一个英雄，不见一个豪杰"，其实，会绘画、会吟诗，还会记录美食的人，哪个不是热爱生活的英雄豪杰！

烧卖的花语

像一颗玲珑的玉石榴，通体圆润，外皮晶莹剔透，被外皮紧紧裹住的馅料若隐若现，头顶一朵绽放的小花，花蕊是中心处露出的馅，薄如蝉翼的皮繁复层叠高高隆起，如同花瓣。装在竹笼屉中上桌，盖子揭开的一刹那，一笼屉花盛开在眼前。

这，就是烧卖，面食界不一样的烟火。如果面食界中包馅类搞一个选美比赛，选烧卖作为颜值担当估计不少人会赞成。

有没有人觉得漂亮的烧卖名字很让人费解？其实烧卖有好多不同的名称，仅是发音近似的就不少，人们给出的解释也是五花八门：烧卖（蒸熟了卖）、稍麦（上部稍稍用线系了一下的麦面制品；麦面用得少，稍稍放点麦）、捎卖（不是店铺销售的主打货，捎带着卖）、稍梅（顶上稍稍有点像梅花）、稍美（小小地美一下）、鬼蓬头（头上乱蓬蓬像个小鬼头）……有没有觉得这样的命名与解释实在是有些信马由缰，后遗症就是这些名称影响至今，今天我们仍然能看到内蒙古有店铺招牌写某某"烧卖"、湖北黄冈有"东坡烧梅"、北京有"都一处烧麦"等。

烧卖五花八门的名字让人如坠云端，有些解释难免牵强附会，在关于烧卖的早期文献中，元时来华进行友好交流活动的朝鲜使者的记录为解密烧卖提供了一条重要线索。

元代的时候，为向强盛的元朝学习，朝鲜派出不少外交官来到了繁华的大都。为方便朝鲜人学习汉语，有一位姓朴的官员用朝鲜语写了一本《朴通事》，专门介绍中国的典章制度、风土人情。朴官员估计也是一位中华美食爱好者，而且他应该是被元大都午门处一家店铺售卖的"素酸馅稍麦"深深打动，在语言教学书中都不忘向自己的同胞推荐这种烧卖。

到明朝的时候，虽然改朝换代，但是向强国学习也不能断。于是，朝鲜国王命人翻印《朴通事》作为翻译学院的教材。正准备印刷，有朝鲜大臣发现了问题：这《朴通事》咋个看不明白呢？原来，从元至明，时间过去了许多年，与成书时候的元代汉语对比，明代汉语已经发生显著的变化。大臣们看不明白也就不足为奇了。朝鲜国王是聪明人，当即命令朝鲜著名的语言学家崔世珍为这本书加注。崔世珍领命为《朴通事》全书逐条加注，在"素酸馅稍麦"条下面，崔世珍的注解详细到烹饪教科书级别。由此推测，崔世珍不但吃过烧卖，还对烧卖的做法了如指掌。

崔世珍的那段注解是这样的：和好麦面后擀成很薄的皮，用肉做馅料；薄皮包好馅儿后在靠上部分用细线稍微系一下，把收拢的顶部做成花蕊的形状。烧卖蒸熟后要与汤一同食用。当地人（指大都人）因为原料是小麦、制作的时候用细线稍稍系住上部，就把它称为"稍麦"。

崔世珍不但解释了烧卖怎么做、怎么吃，还特地说明了"稍麦"名字得来的缘由，虽然是一家之言，但文献资料价值不低。通过两位朝鲜人的记载，我们知道至少在元代，烧卖已经是一种能在街上售卖的常见食品了，那么烧卖的出现肯定会更早。

说到"烧卖"一词的来源，有学者认为是外来语音译，来自古突厥语 "shirme"，这个词本义是"皮口袋"，烧卖与皮口袋外形相似，所以得名。而且烧卖有可能是西域传入中原的食品。一种食品有如此多发音相近的不同名称，确实存在外来词音译的可能性。

元代的时候，烧卖不光是街上售卖的平常食品，它还被当作宴会食品登堂入室。在元代官员们的高级别宴会上，上菜顺序是：初巡粉羹；二巡是鱼羹，或鸡羹、鹅羹、羊羹；三巡是灌浆馒头或者烧卖。

到明代，烧卖已经成为一种流行食品，有一种用糯米作为馅的"大饭烧卖"最受大众欢迎；而北京的"桃花烧卖"的名号则非常响亮，足见当时的烧卖已经拥有了顶戴桃花的迷人外形。

烧卖在元代、明代大受追捧，除了滋味，漂亮的外形是它最为诱人之处，而能让烧卖貌美如花，在众多包馅食品中脱颖而出的是它独特的外皮制作工艺。明代的水调面技术已经相当成熟，不同食品采用相应的水面调制方法。在怎样让面食成形这一点上明代人是下足了功夫的，擀、切、叠、搓、抻、裹、卷、模压、刀削等，他们会用各式各样的成形方法来制作面食。

就制作烧卖皮而言，面和好后，擀面成形是非常重要的一步。烧卖皮要求中间厚、边沿薄，擀制的时候按压面坯的部位、手上按压的力度、转动面坯的速度等都决定着一张面皮的好坏。擀得好的烧卖皮中间稍厚、边沿极薄。薄如蝉翼的边沿，擀好时已经形成一圈密密的褶皱，有了花瓣的雏形。包馅时，捏合动作要轻而有力，捏合不能全封口，要留出一点馅做花芯，同时要足够紧，才能让外皮边沿在顶上形成花瓣的造型。这样做出来的烧卖皮，蒸熟后，会呈现出轻薄如丝绸的质感，看似吹弹可破的皮，口感却在绵软中带足了嚼劲。

如果烧卖头上顶着的花朵也有自己的花语，那就是：麦面是一种珍贵的食材，值得精工细作。一颗颗的小麦粒，经过研磨，与水交融成面团，再经过擀制、捏合，最后以一种全新的形态示人，可以想象这其中包含的精巧构思、高超技艺。经过一擀、一捏，一张皮、一团馅脱胎换骨变成了烧卖，这是面食制作技艺革新的迷人成果。形，在今天已经成为评判美食的重要标准之一，而在古代，对食物造型的追求则是从做熟果腹上升到烹饪艺术的关键一步。烧卖独特的外形充分显示出古人对待一团面的认真态度，以及在食物造型上新奇的探索，让人不得不佩服！

不知道是擀皮技术不容易掌握还是厨师偷懒，现在一些地方的烧卖外形发生了变化，顶上的花瓣变小或者干脆消失，这种简易版的烧卖，大肚子顶上是一个露馅的开口，像个傻呵呵的面皮包肉球，完全失去了戴花烧卖的灵气。

如果现在有一笼屉烧卖摆在你面前，花团锦簇，个个烧卖都顶上开花，恭喜你，见识到了传统烧卖的样子。烧卖顶上蓬蓬的花瓣，大方地宣告这位厨师严守古代烧卖的制作工艺，技艺已达神级。要品尝这样的烧卖，强烈建议学学古人，配一碗清爽的汤，一个一个慢慢来，品尝滋味的同时别忘记欣赏它的美丽。

饺子，
无国界美食

饺子是一种世界性的美食，中国饺子以花样多、滋味美见长，而更值得回味的是它悠久的历史，醇厚的文化内涵。

　　饺子是一种历史悠久的世界性食物，全球不同文化、不同种族的饮食中几乎都能找到"饺子"的身影。在西方，饺子是个大类，不少形状各异的包馅食物都被笼统地划归饺子系列。西方关于饺子最早的记录出现在公元前五世纪至公元前四世纪罗马的一本烹饪书中，而中国饺子资历更老，可证的历史能回溯到更早的春秋时期（公元前八世纪至公元前五世纪）。1978年，山东滕州出土的春秋墓葬铜器中就发现了几个包馅面食，外形近似饺子。

　　关于不同地区、不同背景下饺子的起源，海外学者有一种说法是：饺子起源于古代食物的匮乏。一块肉分量不够家中所有人饱腹，但如果在肉里加上白菜、香葱等，再用面皮

一包，就能成为足够让全家人都吃饱的美食。肉、菜、面的组合，让食材增加许多，滋味也更丰富，因此，包馅食品在全球范围内都大受欢迎。

在中国，有关饺子的发明者是东汉名医张仲景的传说也流传很广。据说东汉末年，张仲景在长沙当太守时常为百姓看病。有一年长沙瘟疫暴发，惨烈状况让张仲景不忍目睹，他决定辞官潜心研究医术，以拯救生灵。那年冬季，张仲景回到故乡南阳，遇到家乡不少穷人因贫寒耳朵被冻伤。经过反复琢磨，张仲景在冬至那天开始为人们舍药治病，这服药是用羊肉碎加上一些驱寒药材用面皮包成耳朵的样子，煮熟后食用。吃过这服药的病人冻伤的耳朵很快就好转，于是人们将这服药称为"饺耳""饺子"。

正史中并没有张仲景出任长沙太守，在南阳用饺子当药医治冻疮的记录。并且从出土文物看，饺子早在春秋时期已经出现，东汉时张仲景最有可能发明的是某种添加了药材的特殊饺子馅。虽然这个传说可能不过是一个美丽的误会，但是这个故事传递出几个重要的信息：一是中国人对医者的崇敬；二是药食同源的中医理念；三是饺子是一种珍贵的面食，尤其在冬季。

无论起源如何，中国人是很早就发现并掌握了包馅面食的制作窍门，同时"饺子"也经历了一个漫长的发展历程。前面介绍馄饨的时候说过早期"馄饨"也指饺子，三国时期的文献记载："馄饨，形如偃月，天下通食也。"偃月就是半月，这种半月形包了馅被称为"馄饨"、实际是饺子的面食，在三国时期已经普遍到成为通食。当时中华各地的人都喜欢吃饺子，地处西南的重庆出土过一个三国时期的墓葬，其中有一个陶制的庖厨俑，这位身形壮实、面带笑容的厨师估计是一位白案高手，他面前摆满了各种食材，正中一个饺子非常显眼，这个饺子呈饱满的月牙形，捏出的花边均匀漂亮。这样的饺子放到今天，完全可以做饺子教学的样板。

到晋代，才学博通的著名学者束皙写了一篇专门介绍各种面食的文章——《饼赋》，里面谈及一种叫作"牢丸"的食物，从做法看与蒸饺很相似。首先是准备工作：用筛子筛好麦面，和面后要用力揉搓，使面团光滑起筋有韧性，然后做好面皮；选肥瘦相间的羊肉、猪肉切碎，混合葱、姜、盐、豉等作料搅拌成馅料；旺火烧水至沸腾。水开后，厨师马上撸起袖子开始包饺子：取一块面皮在掌上，迅速装馅料在皮里，手指快速转动捏合面皮成褶并封口，一个饺子瞬间完成。

这样蒸出来的饺子，弱似春绵、白若秋练，皮薄透亮到能看清楚里面的馅料。刚出锅的饺子，肉香、面香异常浓郁，能散布很远，具有超强的诱惑力。如果站在下风处，人们的反应大多是流口水、舔嘴唇、东张西望到处瞧……而吃饺子时的状态是这样的：吃饺子蘸酱，美味燃到爆，连吃三盘都觉不过瘾啊，总是把厨师忙得够呛！

束皙是个很有个性的作家，不但用汉赋的形式来写

"饼"，而且还单挑出牢丸来详细地描述制作方法，活灵活现刻画路人与食客的表现。想来一定是牢丸的滋味深深地打动了束皙，才让他的文字如此细腻生动。

至于"牢丸"这个名称，有学者认为应该与古代祭礼所用的三牲有关，牛、羊、猪为太牢，羊和猪为少牢，牢丸的"牢"指饺子所包的是肉馅。

在唐朝，饺子仍然被随意地叫作馄饨、牢丸，而且当时不但有"笼上牢丸"蒸饺，还出现了"汤中牢丸"水饺。

宋代各种面食发展到了高峰，饺子也赶上这一股潮流。此时饺子不再跟馄饨混为一谈，开始被称为"角子""角儿"，这个称谓一直到清代仍然被使用。据说"角子"的名称得于饺子的造型与金元宝外形近似，而金元宝是财富的象征，端起一碗饺子，就好似捧着一碗金元宝，吃饺子就犹如招财进宝，美味与吉祥叠加，"角子"之名顺势流行开来。后世以吃饺子寓意招财进宝，或者把水饺称为"元宝汤"，应该是宋代遗风了。

饺子外形到底是模仿半个月亮，还是仿照金元宝，且留着争论。中国人做饺子，馅儿可以千变万化，边可以有褶无褶，半圆的外形却从未改变。

到元代，饺子有了一个新名字——"匾食"，"匾"又写作"扁"，"匾食"不是指饺子扁平而薄的形状，而是蒙古语的音译。

也许是对饺子有偏爱，明清时期饺子的名称多了起来："角子""角儿""扁食""水点心""饺儿""汤角""饺饵""煮饽饽""粉角"……在这些五花八门的名称中，"饺子"逐渐开始一统南北。后世解读"饺子"一词认为意思是"更岁交子"，即在新年第一天吃饺子有岁月更替、辞旧迎新之意。但是现代语言学家从汉语语音演变的历程去解释，认为"饺子"是宋代出现的"角子"读音变化的再写，与"更岁交子"没啥关系。

今天的中国人过年，从北到南，家家户户的年饭中都少不了饺子，过年吃饺子的习俗始于明代。饺子不独在民间受追捧，在明代宫廷也很受重视。宫中过节在大年初一要早起，焚香放纸炮，把门闩或者木杠抛掷三次，叫作"跌千金"。做完这些仪式，就开始饮柏椒酒，吃"水点心"（即饺子）。饺子中有几个被悄悄包了银钱混在里面，吃到包银钱饺子的人会非常开心，因为可得一年大吉。这样一来过年时候的饺子，馅料千变万化，其中包藏天机，馅便不再是馅，被面皮包住的分明就是秘密、玄机、运气、福气。从此，吃饺子过年成为一种充满喜悦的祈福仪式。

清代民间过年，大年初一这天，举国上下不论贫富贵贱，家家用白面包饺子吃，称为"煮饽饽"（水饺）。富裕家庭会把小钱或者宝石之类藏在饺子中，也是以吃到者为吉利。

宫中皇帝过年也会吃"煮饽饽"，只是皇帝们吃饺子更讲究。清宫皇帝新年第一天吃的饺子是素馅，为的是不忘当年祖宗创业的艰辛。素馅一般用长寿菜、金针菜、木耳，再加上蘑菇、笋丝、面筋、豆腐干、鸡蛋等拌匀。清代前期、中期的皇帝们都严守规矩，到晚清，像光绪帝就抛弃了过年饺子素馅的祖训，开始享用起肉馅饺子了。

过年的饺子有特别的意义，皇帝吃的饺子摆盘也相当考究。案用四周绘有葫芦万代花纹、带"大吉"两字的木胎描金漆宝案；案上摆四个小盘，各装酱小菜、南小菜、姜汁、醋；四个小盘下分别压住一张纸条，纸条上写着"吉祥如意""万国咸宁"之类的吉祥语。这些小菜、蘸料都是饺子的陪衬，主角饺子出场更气派。

装饺子的碗是精心挑选出来的，带有"三羊开泰"纹饰的珐琅大碗就是非常应景的选择。碗用两个，一个碗装素馅饺子六个，另一个碗装包了小钱的饺子，或者干脆直接装两枚钱币。这是大张旗鼓用皇权来确保既能吃到饺子又能得到钱！过年吃饺子，滋味与福气并重，这个寓意皇帝也懂的。吃饺子的时候，太监会恭恭敬敬地将装饺子的珐琅碗放在"大吉"宝案的"吉"字上，然后请皇帝独自品尝。

清代的美食家袁枚在《随园食单》中调皮地学英语"dumpling"发音，把饺子音译为"颠不棱"。当时的广东有不少英国人活动，估计袁枚是听见英语"dumpling"后，用汉字"颠不棱"与饺子小小地开了个玩笑。这个小玩笑成为宝贵的文献资料，记录下清代的时候西方人已经知道风味独特的中式饺子这一事实。

袁枚记下"颠不棱"是因为它是一种与众不同的肉饺，做法虽然跟一般蒸饺一样，把面和好后擀开，然后包馅蒸熟，但是此肉饺的精妙处在于馅料。要选上好的嫩肉，去掉筋膜切碎，为保证肉质的嫩，这一步不能省去。然后添加一种寻常肉饺馅不曾用的配料，这种配料需要提前花费相当的功夫制作好。特殊配料就是把肉皮切碎用文火煨熟，直到成为膏状。鲜肉碎与肉皮膏混合后，馅料呈现出柔滑的果冻状。袁枚在广东吃过这种添加了肉皮膏作馅的肉饺后，评价是又软又美！

今天，饺子不仅仅是中国人最爱的面食之一，在海外也具有相当的感召力，饺子已经成为受全世界宠爱的响当当的中华美食。有人戏谑，没有饺子出没的唐人街不算是真的唐人街，不卖饺子的中餐馆是假的中餐馆。如今，不少海外朋友不但知道中华饺子有蒸饺、水饺、煎饺、锅贴等不同的品种，甚至还学会了"饺子"的汉语发音。饺子的影响力可见一斑！

圆融如意粒，
团圆事事同

粉白、圆润、软糯的元宵是元宵节标志性节日食品，它随同元宵节一起演化发展，到明代得名固化。一颗小小元宵的演化，折射出中国人对阖家团圆、幸福圆满的美好追求。

粉白、圆润、软糯的元宵是元宵节标志性节日食品，与端午节的粽子、中秋节的月饼等中国大多数传统节日食品的命名方式不同，元宵节与元宵直接重合。那么请问：元宵与元宵节，二者之间有什么神秘的关联？

元宵节最早叫"上元节"，大致的形成时间在汉代，关于上元节的起源众说纷纭，其中有三种说法比较有影响力：其一，汉武帝祭祀"太一神"，正月里在甘泉宫设立祭坛，通宵达旦用灯火祭祀。后世就此形成正月十五张灯结彩之俗。其二，汉明帝为提倡佛教下令燃灯表佛，于是形成灯节。其三，魏晋南北朝时期道教宣传天官、地官、水官三官信仰，正月十五燃灯迎神祭祀请天官赐福，逐渐演化成节日。

值得留神的是，早期的元宵节传说中，找不到作为节日食品元宵的影子。魏晋南北朝时期正月十五祭神用豆粥和白米粥，人们好像还没来得及考虑在这个特别的日子里犒劳一下自己。

"火树银花合，星桥铁锁开"，诗人苏味道笔下的正月十五夜是唐代元宵节最生动传神的写照。经过对前代习俗的承袭，到唐玄宗时，上元节（当时还不叫元宵节）作为一个节日固定下来，而此时过节食俗也跟着热闹的灯会悄悄发生变化。唐人明白隆重的节日敬神很重要，悦己也不能落下。根据唐代官方文献记载，前代敬神用的豆粥和白米粥成了"节日食料"，当然喝粥过节显然不符合大唐的饮食风尚，于是像"油䭔""面茧""火蛾儿""玉粱糕""丝笼"等节日食品纷纷出现。

与前代相比，唐代元宵节的食俗发生很大的变化，祭祀用的粥类变为节日食品，又增加了不少面食，这些新增的节日食品中圆形的"油䭔""面茧"等很受青睐。但是，元宵仍然没有现身。

宋代人，尤其是宋代的都市人生活质量较高，对待各种节日都非常重视。正月十五的元宵节承前俗仍然是国家法定的重要节日，在这个举国欢庆的节日里，猜灯谜、舞蹈、舞狮、舞龙灯、放烟火等等成为最受欢迎的游艺活动。这些活动流传到今天，依然是中国人庆祝元宵节的保留节目。"元宵节"这一名称也开始被宋人广泛地使用，尤其是文人墨客留下了大量以元宵节为主题的作品。元宵的"元"指一年的开始，"宵"指夜晚，"元宵"在宋代指的是上元节这个特定的时间。

在火热的节日气氛中，节日食品呼啦啦冒出来：乳糖圆子、科斗粉、豉汤、水晶脍、韭饼、皂儿糕、澄沙团子、滴酥鲍螺、酪面、玉消膏、琥珀饧、轻饧、生熟灌藕……不能再罗列了，再多就拉仇恨，有人会眼红宋代人的好口福。这里的"乳糖圆子"，也被称为"元子""团子"，是糯米粉做的圆子，吃的时候放糖。在众多的节日食品中，甜甜的"圆子"被视为珍品，价格不菲，即便如此，在灯火通明、人头攒动的节日街头，卖"圆子"的店铺常常会挤破头。

南宋诗人周必大有一首著名的元宵节诗歌《元宵煮浮圆子》，诗中对煮浮圆子（元宵）的过程进行了活灵活现的描述："星灿乌云里，珠浮浊水中"，形容元宵像星星在云中闪耀，像宝珠在水中翻滚。在这首诗中，周必大还将吃元宵与家人团圆相结合，他感叹："今夕知何夕，团圆事事同。"这里周必大明确将吃"圆子"（元宵）与团圆意义相关联，宋代人已经为以后元宵成为元宵节标志性食品做了很好的铺垫。

明朝初年，太祖朱元璋为彰显统一帝国的太平景象，下令元宵节增加到十夜，这个规定沿袭了二百多年，到崇祯皇帝时期，因国力衰退才不得已减到五夜。元宵节皇帝会赐宴

百官群臣同乐，百官宴菜单由光禄寺提前报给皇帝，其中必须有元宵节应景美食"圆子"。在北方，人们也将"圆子"称为"元宵"，在南方则称"汤圆"，此时"元宵"一词正式开始指代元宵节特别节日食品。

经历元宵节漫长的发展过程，在多种因素的作用下，"元宵"终于从众多的美食中脱颖而出，成为元宵节标志性美食，原因之一大概与"元宵"同月亮外形相似有关。正月十五夜是中国农历新年后的第一个月圆之夜，粉白的元宵形似天上明月，圆形的元宵正好可以表达对月亮的崇拜。另外，中国人历来以圆形为团圆、圆满的象征，元宵的圆形也可以表达人们在月圆之夜对家庭美满幸福的祝愿，正如周必大歌咏元宵是团圆的象征，全家围坐吃元宵更像是一个经由品尝美食集体祈福的仪式。

在重要的节日，明朝皇宫里的宫眷内臣会根据不同的节日换上带有对应特殊纹样的衣服，到元宵节，他们就会穿上带有灯景补子的衣裳。于是，在御厨里可以见到穿着元宵节灯景"文化衫"忙着做元宵的身影。当时最受推崇的元宵做法是：准备好适量的糯米细面；用核桃仁碾碎加上糖做成馅料；在馅料上洒点水，放进糯米面中翻滚，让馅料沾满粉面，越滚越厚，直到滚成如核桃般大小的圆球。这种馅料沾水后滚面成球的元宵做法流传至今，现在中国北方做元宵仍然沿用此法，但是南方的汤圆做法稍有区别，一般是把糯米粉与水混合揉成皮再包馅料成球，不过从成品看二者外形都一样。

清代的元宵节沿袭前代各种习俗，尤其是在京城，明月当头，人们赏花灯、吃元宵、放烟花、猜灯谜、舞秧歌、跑竹马、击神鼓……整个京城花天锦地好不热闹。与前代相比，清代的元宵口味丰富起来。甜口的核桃加糖仍然是最受欢迎的品种，另外有勇于创新的人大胆用肉做馅，肉汤圆开始出现。在京城中还出现了以卖元宵出名的店家，比如马思远家出售的糯米滚元宵就誉满京城，凡是吃过的人个个都夸好味道。

皇宫中的元宵节自有皇家特色，皇帝在过节时会设宴与群臣一起作诗同庆。乾隆皇帝最喜欢元宵节的联句活动，他一般自己挑选参加宴会的大臣，入选的大多是大学士、翰林等饱读诗书之人，联句的主题也由他钦定。估计乾隆皇帝很爱吃元宵，他曾要求御厨在元宵节前后三天每天的晚膳中都加一品元宵。乾隆皇帝对元宵不吝赞美："圆融如意粒，甜滑自然粳。"看似圆润小巧玉如意，入口柔弱无骨、轻若御风，不等细嚼便带着勾魂的甜蜜一阵烟去了，让人迫不及待想吃下一个，元宵的甜滑软糯一定是给乾隆皇帝留下了很深的印象。

得名于元宵节的元宵时至今日依旧是中国人过元宵节的必备，一家人围坐吃元宵仍然是最温馨的元宵节场景。虽然今天元宵的馅料种类越来越多，但是甜口的元宵总是更多人过元宵节的选择，因为甜蜜才是最能代表阖家团圆的滋味。

图书在版编目（CIP）数据

食见中国 / 柏松著 . -- 杭州 : 浙江教育出版社，
2020.9

ISBN 978-7-5722-0768-6

Ⅰ . ①食… Ⅱ . ①柏… Ⅲ . ①饮食 – 文化 – 中国 – 青
少年读物 Ⅳ . ① TS971.202-49

中国版本图书馆 CIP 数据核字 (2020) 第 172678 号

食见中国

SHI JIAN ZHONGGUO

柏　松　著

责任编辑	洪　滔　江　雷	美术编辑	韩　波
责任校对	余晓克	插　　画	谢　栞
责任印务	沈久凌	装帧制作	观止堂 _ 未氓

出版发行　浙江教育出版社
　　　　　（杭州市天目山路 40 号 联系电话：0571-85170300-80928）
印刷装订　浙江海虹彩色印务有限公司
开　　本　787mm×1092mm　1/32
印　　张　11.75
字　　数　230 000
版　　次　2020 年 9 月第 1 版
印　　次　2020 年 9 月第 1 次印刷

标准书号　ISBN 978-7-5722-0768-6
定　　价　68.00 元

如发现印、装质量问题，影响阅读，请与本社市场营销部联系调换。
（联系电话：0571-88909719）